精致园艺

家庭园艺装饰与养护

吴小青 / 著

U0253453

北京燕山出版社
BEIJING YANSHAN PRESS

图书在版编目（CIP）数据

精致园艺：家庭园艺装饰与养护 / 吴小青著 . —
北京：北京燕山出版社，2023.5
ISBN 978-7-5402-6940-1

Ⅰ.①精… Ⅱ.①吴… Ⅲ.①观赏园艺 Ⅳ.① S68

中国国家版本馆 CIP 数据核字（2023）第 086231 号

精致园艺：家庭园艺装饰与养护

著者：吴小青
责任编辑：邓京
封面设计：仙境
出版发行：北京燕山出版社有限公司
社址：北京市西城区椿树街道琉璃厂西街 20 号
邮编：100052
电话传真：86-10-65240430（总编室）
印刷：北京亚吉飞数码科技有限公司
成品尺寸：165mm×235mm
字数：155 千字
印张：14
版别：2023 年 5 月第 1 版
印次：2023 年 5 月第 1 次印刷
ISBN：978-7-5402-6940-1
定价：86.00 元

前 言
PREFACE

　　家庭园艺是在家庭空间范围内的园艺植物栽培和装饰活动，是现代人的一种健康生活与休闲方式。选择养护一种或多种自己喜欢的植物，打造一个专属自己的阳台花园或庭院绿地，将大自然搬进家中，用园艺装饰生活空间、净化空气、陶冶情操，是非常美好的事情。

　　本书带你走进家庭园艺的丰富世界，带你了解家庭园艺、体验家庭园艺养护乐趣、享受精致园艺生活。

　　首先，跟随本书走进园艺、认识园艺，了解植物的特性、掌握园艺种植技巧，熟悉丰富的家庭园艺植物种类，如四季花卉、神奇多肉、攀缘植物、时令蔬菜等，体验家庭园艺种植的乐趣。

　　其次，本书教你将家庭园艺轻松融入家庭生活，通过园艺造景美化客厅、卧室、阳台，为家居空间增添自然之趣；利用插花装饰与家

居用品、家居空间搭配，为家居空间增添生活情趣；借助树石盆景、组合盆栽、玻璃瓶微景观等，为家居空间增添高雅志趣，让你轻松学会巧用园艺打造美好生活空间。

最后，在本书的指导下，用照片、视频，留住园艺植物的美好瞬间，掌握丰富实用的家庭园艺养护技巧，让家庭园艺各类植物能远离病虫害、茁壮健康生长，进而充分体验园艺种植的美好过程，提高家庭园艺养护审美与种植技能。

全书逻辑清晰、内容丰富、图文并茂，实用性和指导性较强。书中特别设置"园艺百科"与"养护妙招"板块，能带给读者更加丰富多彩的阅读体验。

精致园艺，精致生活，阅读本书，无论是家庭园艺新手还是具有丰富经验的家庭园艺养护者，均能从中受益，进一步丰富家庭园艺装饰与养护知识，更加热爱园艺、热爱生活。

作　者

2023 年 1 月

目　录
CONTENTS

第一章

精致园艺，精致家庭生活

第四章

插花装饰，增添生活情趣

第五章

盆景装饰，纵享高雅志趣

第六章

园艺摄影，定格植物的美

第七章

家庭园艺实用养护技巧

第一章

精致园艺，精致家庭生活

清晨起来，当我们看到种子破土而出、植物长出嫩绿的新芽时，植物蓬勃生长的朝气会让我们感觉新的一天充满了希望。

　　五彩缤纷的花朵将房间内外装点得格外美丽，阵阵幽香沁人心脾，让人一天都拥有好心情。

　　园艺装点着我们的生活，带给我们快乐，让我们的家庭生活更加精致、更加美好。

 **什么是园艺**

　　人们利用个人家庭空间，在室内、阳台或庭院中种植绿植，开展园艺活动，不仅能装饰家居，还能净化室内室外环境，并为环境建设增光添彩。

　　什么是园艺呢？简单来讲，园艺就是种植的艺术，它是关于果树、蔬菜和观赏植物的种植、培育方法。园艺可分为果树园艺、蔬菜园艺和观赏园艺三种类型。

　　常见的家庭园艺包含多种形式，如园艺种植、园艺造景、插花装饰、盆景装饰等。

　　现代生活节奏快速，人们在参与园艺活动的过程中，能够放慢脚步，缓解焦虑，减轻压力。植物开花、结果等生长变化还会带给人惊喜，令人心情愉快。因此，进行园艺活动，不仅能改善家居环境，为家庭环境增添生机和色彩，还对身心健康有诸多益处。

果树园艺、蔬菜园艺和观赏园艺

培育出的花朵令人心情愉悦　清新的花卉让人赏心悦目

中国历史上的园艺

中国园艺的历史可以追溯到夏商时期，不过那时农业和园艺尚未明显区分。到了周朝时期，园圃出现，园圃内开始种植蔬菜、瓜果等。

秦汉时期随着中外交流增多，一些园艺作物开始相互流传，中国从国外引进了黄瓜、葡萄等，同时将桃、杏等传至国外。当时园艺技术发展迅速，《汉书》中曾记载："太官园种冬生葱韭菜茹，覆以屋庑，昼夜燃蕴火，待温气乃生。"可见，如今广泛应用于园艺和农业的温室培养技术早在汉朝时期就已经出现。

唐宋以后，繁殖和栽培技术得到进一步发展，培育出了牡丹、芍药等名贵花卉品种。

到了明清时期，海运大开，中外园艺上的交流变得更加频繁，中国的园艺作物种类变得更加丰富。

　　到了近代，科技日益发展，大量新技术的出现促进了园艺生产技术的进步，科技的进步为园艺打开新的大门，让园艺得到蓬勃发展。

走进园艺，充实美好生活

家庭园艺让人们在家中就可以体会大自然的生命力量，不仅拉近了人与大自然的距离，还能让人们的生活更加美好。

园艺给人带来快乐

从事园艺活动，常常会让人感到快乐，其中也有着一定的科学依据。

首先，人们从事园艺活动时，需要进行播种、施肥、剪枝等一系列体力活动。体力活动能促进血液循环，从而提高脑供氧量，脑供氧量的增大使人专注力增强，注意力集中，头脑更加清醒，精力更加旺盛。体力活动还能促进大脑分泌多巴胺，多巴胺是大脑分泌的一种神经递质，能够传递兴奋、开心的信息，而从事园艺活动能让人心情愉悦，这与运动让人感到快乐的原理是一样的。

其次，园艺活动让人们近距离地接触土壤，而土壤中包含的母牛分枝杆菌能促进脑神经分泌血清素，起到抗抑郁的效果，这也是与土壤接触让人感到放松和快乐的原因。

最后，园艺活动带来的收获能让人获得满足感和幸福感。当辛苦种植的绿植长得越来越茂盛，辛勤栽种的花朵开得越来越鲜艳，精心培育的果树结出喜人的累累硕果时，这些成就感让人们发自内心地感到满足和幸福。

从事园艺活动让人感到快乐

园艺装点美好生活

　　充满生气的绿植，盛开的五颜六色的鲜花，挂满枝头的诱人蔬果……园艺给我们的家居空间装点亮丽的色彩，丰富我们的"视"界，让生活更加色彩斑斓、充满生机。

　　一些植物能够净化空气，改善居住环境，丰富人们的嗅觉体验。例如，吊兰可以吸收空气中对人体有害的甲醛、尼古丁等有害物质；米兰花可以释放沁人心脾的香气，从而缓解人的疲劳，舒缓不良情绪。

绿植给家居环境带来生机

在园艺活动中，能够欣赏植物美好的姿态，享受植物开花时带来的芳香，品尝果实的甜美，让人体会到"一分耕耘，一分收获"的成就感；默默成长的生命带给人无限的情感慰藉，让生活更加充实、美好。

 了解植物的特性

植物包含很多种类，有的生长在陆地上，有的生长在水中，有的喜阳，有的喜阴，多样的生长环境造就了丰富多彩的植物种类，不同的植物种类的生活习性各不相同。在参与园艺活动时，首先要了解植物的特性，以更好地进行养殖。

陆生植物与水生植物

陆生植物，即生长在陆地上的植物，其根系十分发达，依靠根从土壤中吸收水分和养分，如各种树木、陆地上的花草等。

水生植物多生活在水中，其根系不发达，根茎的表皮通常很薄，能直接从水中汲取养分，如睡莲、浮萍草、芦苇等。

水生植物碗莲

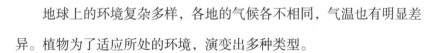

耐寒植物、不耐寒植物与半耐寒植物

地球上的环境复杂多样，各地的气候各不相同，气温也有明显差异。植物为了适应所处的环境，演变出多种类型。

例如，原产于高纬度地区或高山的植物，通常耐寒而不耐热，如迎春花、丁香花等；而原产于热带或亚热带地区的植物则耐热而不耐寒，如扶桑花、鸡冠花等；还有一些植物原产于温带地区，表现出半耐寒性，如牡丹、芍药、月季等。

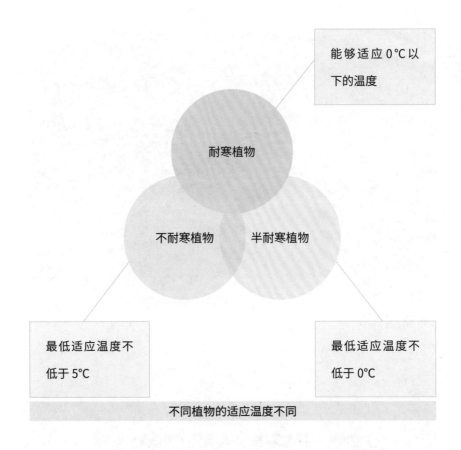

能够适应 0℃以下的温度

耐寒植物

不耐寒植物　半耐寒植物

最低适应温度不低于 5℃

最低适应温度不低于 0℃

不同植物的适应温度不同

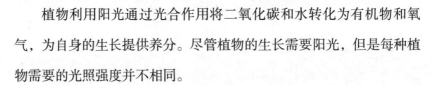
阳性植物、阴性植物与中性植物

　　植物利用阳光通过光合作用将二氧化碳和水转化为有机物和氧气，为自身的生长提供养分。尽管植物的生长需要阳光，但是每种植物需要的光照强度并不相同。

　　阳性植物喜欢阳光照射，在充足的阳光照射下才能生长茂盛、开花结果。如果阳光照射不足，则容易导致叶片发黄、细弱，并影响植物开花、结果。大多开花植物均为阳性植物，如月季、梅花、向日葵、水仙等。

　　阴性植物需要的光照较少，不能在强光下长时间照射，否则会引起枝叶发黄、干枯。对于阴性植物，放置在散射光环境中即可，在夏季时可以适当为植物遮阴。文竹、绿萝等均为阴性植物。

　　中性植物对光照的需求介于阳性植物和阴性植物之间，需要一定的阳光照射，但也能耐阴，夏季时需避免强光直射，适当为植株遮阴。君子兰、蟹爪兰、香石竹等均为中性植物。

文竹适宜在散射光环境下养护

长日照植物、短日照植物与中性植物

日照时长对一些开花植物会产生影响。不同的植物需要的光照时长不同。

长日照植物每天需要大于 12 小时的光照量，否则会影响开花，这类植物多在春、夏季节开花。阳性植物多为长日照植物，如茉莉、荷花、唐菖蒲等。

短日照植物每天保持小于 12 小时的光照量才能开花，否则只生长不开花。这类植物多在秋、冬季节开花，如菊花、蟹爪兰等。

中性植物对日照时长不敏感，只要温度合适它们就能四季开花，如月季、四季海棠、天门冬等。

足够的光照时长让唐菖蒲更好地绽放

湿生植物、中生植物、半旱生植物与旱生植物

水是植物生长的必要条件之一，植物离开水无法正常生长，但每种植物对水的需求量各不相同。

湿生植物原产于热带雨林或溪水旁，它们喜欢潮湿的土壤环境，养护这类植物时需要勤浇水，保持盆土一直处于湿润状态，如水仙、龟背竹等。

中生植物对水有较高的要求，既不能太湿，也不能太干，土壤需保持一半含水。家庭种植的大部分植物都属于这一类，如绣球花、海棠花、栀子花等。

半旱生植物具有一定的抗旱能力，浇水时需浇透，如山茶花、杜鹃花等。

旱生植物原产于热带干旱地区或沙漠地带，这类植物叶小，根系发达，十分耐旱，养护这类植物要少浇水，遵循"宁干勿湿"的原则，保持土壤干燥。

给旱生植物浇水时要遵循"宁干勿湿"原则

园艺百科

室内的花为何不如室外的花开得鲜艳

阳光由七色可见光与红外线、紫外线组成，其中青、蓝、紫光和紫外线能够促进花卉形成色素，色素会影响花朵的色泽。室内种植植物时，玻璃会阻挡一部分紫外线，相比室外，室内的花接受的紫外线照射较少，花的色泽自然就不如室外鲜艳。

 选择一个合适的容器

在室内进行园艺种植时，需要为植物准备一个合适的容器，也就是要选择一个合适的花盆。不同材质的花盆具有不同的特点，花盆的大小会影响植物生长，具体可以根据实际需要选择合适的花盆。

不同材质花盆的特点

植物的习性各不相同，选择合适的花盆才能让植物长得更加茂盛。表 1–1 汇总了一些常用的花盆及其特点。

表 1-1　家庭常用的花盆及其特点

名称	排水性	透气性	美观性	用途
泥盆	好	好	差	适合育种或培植

续表

名称	排水性	透气性	美观性	用途
瓦盆	好	好	一般	适合栽种大型植物
紫砂盆	差	差	好	适合栽种中小型名贵花卉
瓷盆	差	差	好	适合栽种大型花卉
陶盆	一般	一般	好	适合栽种中大型花卉
塑料盆	一般	差	一般	适合栽种不宜暴晒或不宜浇水过多的植物
玻璃盆	差	差	好	适合栽种水生植物

如何选择花盆的尺寸

为植物选购花盆时，要根据植物的根系特点以及植株的大小选择合适尺寸的花盆，具体可以参考以下几点。

（1）毛细根丰富的草本花卉，主根少，毛细根多，整个根系横向发展迅速，纵深发展缓慢，因此这类植物宜选择口径大的浅盆。如果使用深盆，容易积水，从而导致毛细根腐烂。长寿花、菊花、矮牵牛等都属于毛细根丰富的植物。

（2）毛细根不丰富的草本花卉，如各种兰花，它们的根是独立的根系，没有毛细根，常常往纵深方向生长，因此种植这类植物时，宜选用深盆。

矮牵牛花适合种植在大口径的花盆中

（3）对于一些盆景造型花卉，为了不让植株长得太快太高，可以选用浅盆、小盆栽种，浅盆、小盆能够通过限制根系的增长来控制植株整体的生长。

（4）在为一些有寓意的花卉选择花盆时，要注重花卉与花盆的搭配是否协调与美观。在我国，梅、兰、竹、菊被称为"花中四君子"，文人墨客常常用其来比喻坚韧不拔的人格，因此种植这类植物时，宜选用与其寓意相称或与植物本身相关的花盆。

兰花适合种植在古色古香的花盆中

养护
妙招

容易烂根的花卉如何选盆

　　一些植物（如茶花、发财树等）容易烂根，如果花盆的透水性和透气性不好，就会造成盆内积水，导致根系腐烂，因此这类植物最好选用浅盆。

　　但有些植株本身比较大（如发财树），使用浅盆就会造成整体不协调，影响美观，但是选择深盆又容易积水烂根，怎么办呢？

　　有两种方法可以解决这个问题：第一种是使用双盆嵌套，植物种植在浅盆，再套入深盆中；第二种是使用一个深盆，在底部铺设瓦片、陶粒等，降低土壤的深度，增强透水透气性。

新手种植必备技巧：选种、浇水、施肥

作为新手，想要培养出长势喜人的植物，不仅要会选种，还要学会如何浇水与施肥。这些事情看似简单，实则隐藏着不少技巧。

科学选种是高效种植的前提

小小的种子，大大的能量，植物从种子到发芽、开花、结果，每一次的成长都带给人许多情感慰藉，让人欣喜。优良的种子发芽率高，幼苗更加健壮，能为以后的生长打下良好的基础。具体来讲，选出优质的种子需要做到以下几点。

◆ 观察种子的外形

通过观察种子的外形可以初步判断种子的情况：外形饱满的种子往往发育完善，发芽率高，长出的植株更加健壮；干瘪的种子相对发芽率更低，长出的植株长势也不会很好。

优质、饱满的鲜花与蔬菜种子

◆ 观察种子是否有病虫害

如果种子遭受了病虫害，说明该种子的抗病能力弱，即使发芽了后期长势可能也不好，因此选种时要挑选没有遭受病虫害的种子。

◆ 考察种子的生产日期

植物的品种不同，种子的有效期也不同，过了有效期的种子发芽率会大大降低。一般来说，新采收的种子比陈年的种子发芽率更高，因此选种时应优先挑选生产日期较新的种子。

浇水得当，让植物生长更健康

植物的生长离不开水，适当的水分能够让植物健康生长，而积水或缺水则会对植物的生长产生影响，严重时导致植物烂根或叶片干枯。因此，在给植物浇水时，应注意以下几点。

◆ 盆栽植物浇水时要遵从"见干见湿"的原则

所谓"见干见湿"，是指在植物的土壤变干时再浇水，并在浇水时一次性浇透。

当土壤变白、发硬时，通常表示土壤变干了。也可以使用一根筷子插入土里约3厘米的位置，静置一分钟再拔出来观察，如果筷子底端依然比较干燥，则说明应该浇水了。

浇水时如果只浇一点儿，只能让表面的土壤湿润，无法令根系吸收到足够的水分，因此在浇水时要一次性浇透，以水从排水孔流出时再浇一会儿为宜。

◆ 选择与土壤温度接近的水

过热的水会对植物造成损伤，过冷的水则会影响植物根部细胞的活跃程度，从而影响植物的生长速度。通常来讲，浇水时适宜采用与土壤温度接近的水，浇水前可以将水在植物旁放置几个小时，待水温与周围环境温度相当时再浇水。

◆ 注意不同季节浇水的时间

不同的季节适宜浇水的时间不同。春秋季节，天气温暖，早晚温差大，可以在上午或下午对植物浇水。夏天，天气炎热，浇水时要避开阳光最强烈的正午，最好在早晨或傍晚浇水。冬天，天气寒冷，如果在晚上浇水，植物可能会被冻伤，因此适宜在中午浇水。

此外，浇水时动作要缓慢，避免水流过大将泥土冲刷得不均匀或将泥土溅到叶片上。

合理浇水会让植物健康生长

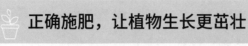

正确施肥，让植物生长更茁壮

肥料为植物生长提供营养，适时施肥，能够让植物生长得更加茁壮，让植物能够顺利开花结果。

氮（N）、磷（P）、钾（K）是植物生长过程中必不可少的三种元素，是肥料中包含的主要营养元素，其中不同的元素对植物生长有着不同的作用。

常用的复合肥中一般同时包含氮、磷、钾这三种元素，不过包含的比例不同。在植物的生长期，叶片快速生长，因此需要施含氮高的

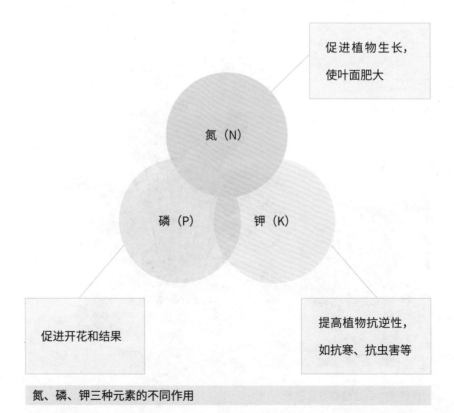

氮、磷、钾三种元素的不同作用

肥料，在植物的开花结果期，则应施能促进开花和结果的含磷高的肥料，如果继续施氮肥，则可能会让叶片徒长，影响开花。

施肥时需要注意查看使用说明，如液体肥通常要稀释后使用，一些固体肥需要埋在土壤中使用。

肥料不是越多越好，无论是液体肥还是固体肥，都要掌握合适的用量，过量使用肥料同样会对植物造成伤害。

施肥时要按照"薄肥勤施"的原则，少量多次地为植物施肥，避免出现肥害或缺肥。

适时施肥能让植物茁壮成长

种活，更要种好

将植物种活是开展园艺活动最基本的要求，我们在种植植物时，不仅希望能将植物种活，更希望能将植物种好。但想要种好植物，仅凭一腔热情是不够的，有些事项是必须要注意的。

第一，了解植物本身的特点。

不同的植物具有不同的特点，如满天星喜阳，文竹喜阴；杜鹃花在春季开花，荷花在夏季开花；芦荟耐旱，滴水观音则喜欢湿润的环境……进行园艺活动时，要熟悉植物本身的特点，只有遵从植物本身的生长规律，依据植物本身的特点进行养护，才能将植物种好。

第二，适当修剪。

很多人在进行园艺活动时看到植物长势喜人，会不舍得对植物进行修剪。其实，适当修剪不仅能让植物拥有好看的造型，还能让植物的长势更加旺盛，开出更多的花，结出更多的果实。

第三，适时换盆。

当植物的根系已经充满整个花盆时，就要考虑换盆，以满足植物生长的需要。如果植物一直处于相对较小的盆中，由于根系无法充分生长，植物无法汲取足够的营养，就会导致植物生长受限。

第四，室内进行园艺种植要保持通风。

室内种植时，如果不通风，植物附近的二氧化碳浓度就会降低，这会影响植物的光合作用，因此通风能够促进植物的光合作用。良好的通风还能加快盆土的干湿循环，减少烂根情况的发生，同时减少病虫害的发生。

第二章

丰富园艺，享受种植乐趣

对于很多园艺爱好者来说，利用闲暇时间，在家里打造一方小小种植园，是这个世界上最美妙、最快乐的事情之一。

　　无论是种植花卉、养护多肉，还是在阳台种上四季时令蔬菜，抑或是在庭院中栽下几棵葱茏树木，都能令原本单调的生活变得丰富多彩，也能令人收获诸多惊喜与欢乐。爱上园艺，享受种植乐趣，让生活变得更美好。

四季花卉

不同时节盛开的花卉既可用来观赏、美化居室，又可用来净化空气、促进人的身心健康。四季花卉种植，令我们的生活充满芬芳。

🌱 春季花卉种植与养护

一年之计在于春。当寒冬渐远，春回大地时，日照时间变长，雨水也日益增多。这样的环境十分有利于植物生长。

春季盛开的鲜花有很多，适合家庭种植的有山茶花、杜鹃花、报春花、郁金香等。

山茶花，山茶科植物，花期较长，一般从1月开始，持续到3月。山茶花有单瓣和重瓣之分，喜阳，更适应温暖、潮湿的环境。

杜鹃花，杜鹃花科杜鹃属植物，一般盛开于春季，花色有白、紫、红等，艳丽多姿。喜阴，在阴凉、通风的环境里生长得更好。

迎春花，木樨科素馨属植物，一般盛开于 2 月，花期一直持续到 4 月末。迎春花生命力顽强，喜光，偏爱酸性土壤。

郁金香，百合科郁金香属植物，品种多样，花形较大，常见花色有黄、白、红、橙等，十分美丽。其耐寒性强，更适宜栽种于沙质壤土中。通常在 3—5 月开花，花姿优雅，极受欢迎。

春天温度回升，万物复苏，虽然适合花卉植物生长，却也要留心相关养护要点和注意事项。尤其是盆栽花卉，更要细心呵护，科学施肥、浇水、换土。

在施肥方面，虽然盆花在春天需要足够的养料才有利于发育、生长，但提供的养料浓度要适宜，也不要隔三岔五地施肥，这样可能会烧坏根系。每隔 10~15 天施一次肥即可。

艳丽多姿的山茶花

绚烂迷人的杜鹃花

明艳动人的迎春花

娇艳妩媚的郁金香

在浇水方面，盆花的浇水量可适当增加。为了防范病虫害，可定期更换营养土并在叶面喷洒一定剂量的波尔多液。

夏季花卉种植与养护

在光照充足的夏日，植物生长迅速。但如果温度太高，也不利于花卉的生长、发育，因为很多花卉在烈日炎炎时都会进入休眠状态，长势较缓慢。不过也有一些花卉喜阳、耐高温，适合夏日栽种，比如茉莉花、鸢尾花、绣球花等。

茉莉花，木樨科素馨属植物，品种繁多，常见的有单瓣茉莉、双瓣茉莉等。花色洁白，香气扑鼻，在炎炎夏日能给人带来清凉、淡雅的视觉感受。茉莉花在温暖、湿润、通风的环境中长势良好。

鸢尾花，鸢尾科鸢尾属植物，生长期短（大约 8～12 周），花期较长（大约 3 个月）。花朵呈蓝紫色，花形硕大优雅，观之令人赏心悦目。鸢尾花适应力很强，喜欢温暖、湿润的环境，在微酸性土壤中更易生存。

绣球花，虎耳草科绣球属植物，花形硕大、状似圆球，色彩绚丽，以蓝色、红色居多。绣球花喜欢温暖湿润的环境，对光照要求不太严格。种植绣球最好使用沙质壤土，浇水时要控制量，避免因积水导致根部腐烂。在炎热的夏日，盆栽绣球最好放置于半阴、通风的环境中。

在夏季，扦插花卉很容易存活，尤其是那些根系发达、耐高温的

清新淡雅的
茉莉花

浪漫柔美的
鸢尾花

雍容端庄的
绣球花

花卉，夏季是它们繁殖的好时期。

夏季花卉种植、养护的重点之一在于防晒、灭虫。在夏日午间，最好将盆花搬入阴凉通风处，避免太阳直晒。地栽花卉可在花叶上及时喷水，保持足够的湿度。

另外，夏季要经常给花叶喷洒灭虫药物，避免害虫泛滥，引起其他病害。

秋季花卉种植与养护

秋季温度回落，很多花卉进入休眠期，但也有一些花卉的盛开期正是秋季，比如桂花、菊花等。

金桂飘香

桂花，木樨科木樨属植物，品种丰富，有丹桂、金桂、银桂等。桂花可地栽，可盆栽，花萼细小，香气浓郁，具有极高的观赏价值。桂花抗热、抗寒性都较强，忌积水。尤其是盆栽桂花，最好选择肥沃、排水良好的土壤去栽种，并定期修剪枝芽。

菊花，菊科菊属植物，在我国有着漫长的栽培历史，与桂花一样，同属于中国十大名花之一。其品种繁多，花色、形态各异，繁殖方法丰富多样，如扦插、分株、嫁接等。盆栽菊花需选用疏松的沙质土壤，在秋季开花前，要适当加大浇水量并定期施加氮、磷、钾肥。

盛开的菊花

在家庭花卉种植中，到了秋季就要格外注意保温、防病。当温度明显降低时，要将耐寒性低的盆栽花卉搬入室内，等午间阳光充足时再搬出室外，接受光照。

另外，秋季花卉易发生病虫害，如霜霉病、白粉病、炭疽病、黑斑病等，平时一定要注意预防，定期在花叶上喷洒对症药水。如果花卉已经感染病虫害，需要先将坏死的枝叶修剪掉，遏制进一步感染的趋势，再喷洒杀菌剂进行治疗。

冬季花卉种植与养护

盛开于冬季，且适合家庭种植的鲜花有水仙花、大花蕙兰等，这些鲜花为寒冷的冬季增添了一抹亮丽的色彩。

水仙花，石蒜科水仙属植物，属于中国十大名花之一。常见的有单瓣形水仙和重瓣形水仙，亭亭玉立，花香浓郁。喜水，可土培也可水培，在温暖潮湿的环境中长势良好。

大花蕙兰，兰科兰属植物。根系粗壮，花朵硕大，花期较长，颜色繁多（常见颜色有红、黄、白色等），需放置于室内通风良好之处。

冬季花卉养护首先要注重保温，白天将花卉盆栽放置在阳光温暖之处，让它们经受更多的光照。到了傍晚，应及时将盆栽搬入室内，免得夜里寒冷冻伤花根。

另外，冬季花卉浇水、施肥的频率都应降低，同时应适当修剪枯叶，以避免养分流失。

素洁清雅的水仙花

美艳的大花蕙兰

园艺百科

四季常开花卉

适合家庭种植的，一年四季都可观赏的花卉有以下几种。

虎刺梅，铁海棠的变种，是很多园艺爱好者眼中的"开花机器"。虎刺梅花形较小，颜色鲜艳。只要养护得当，虎刺梅一年四季都可开花。其耐寒性差，喜温暖湿润的环境，但要注意避免积水。

长春花，夹竹桃科长春花属植物，又名四时花、日日春等。长春花花形小巧优雅，花色繁多。其喜暖，喜欢光照充足、通风良好的环境。在开花前可适当追肥，开花后及时修剪残花枯枝，可有效

延长花期。

三角梅，紫茉莉科叶子花属植物，花朵艳丽，形状似叶，故又名叶子花。三角梅生命力顽强，在高温环境中也能保持良好的长势。在雨季或寒冷季节，应控制浇水量，并及时修剪弱枝、枯枝。

| 小巧的虎刺梅 | 优雅的长春花 | 艳丽的三角梅 |

神奇多肉

　　有一种神奇的植物，它千姿百态，品种繁多，美得各有千秋；它生命力顽强，是名副其实的"懒人植物"，它就是多肉植物。

庞大的多肉家族

　　多肉植物，又被称为多浆植物，这种植物的叶片一般是晶莹肥厚的，看起来肉嘟嘟的，因此被花友们亲切地称为"多肉"。多肉植物品种丰富、分类广泛，到目前为止，在全世界范围内大约发现了一万多种多肉植物，隶属于不同的科属，它们一起构成了庞大的多肉家族。

　　多肉植物有很多不同的分类方法，按照科属去分类，常见的有百合科、景天科、大戟科、仙人掌科等；按照不同的储水器官去分类，有用叶片储水的叶多肉植物、用茎部储水的茎多肉植物、用根部储水的根多肉植物等。

　　值得一提的是，仙人掌科的多肉植物和其他科属的多肉植物在形态上有着较明显的差异（如长有倒钩刺、会开花等），因此很多人将仙人掌科多肉单独列为一类。

丰富多样的多肉植物

"养肉"指南

适合新手养的多肉植物有很多，如玉露、白牡丹、黄丽、乒乓福娘、红色浆果、大和锦、小和锦、蓝石莲、月光女神、蒂亚等，这些多肉植物千姿百态，萌趣十足，在养护方面也没有太多复杂的技巧，只要稍微花点心思，就能养出一株株漂亮的多肉。

玉露，龙舌兰目独尾草科多肉植物

多肉植株一般都比较矮小，不用占用太多空间。我们可以选择合适的花盆去种植多肉，然后摆放在阳台、飘窗等阳光充足的地方，为家里增添几抹清凉绿意；也可以在庭院里露天种植多肉，将其精心布置成一个微型景观，使其成为家里最有趣、最亮丽的一道风景线。

白牡丹，景天科风车石莲属多肉植物

乒乓福娘，景天科银波锦属多肉植物

大和锦，景天科拟石莲花属多肉植物

蓝石莲，景天科拟石莲花属多肉植物

多肉虽然生命力顽强，但若不注意相关养护要点，也会出现很多问题。关于多肉的养护要点具体总结如下。

第一，选择合适的土壤。想要收获清新、养眼的多肉景观，首先要考虑种植多肉的土壤是否松软，透气性怎么样。如果土质较硬、透气性差、排水性能差，将养不好多肉。建议新手直接购买由颗粒土和营养腐殖土混合而成的多肉专用营养土，这种土疏松透气，很适合种植多肉。当然最好先货比三家，选择靠谱的商家购买。

第二，控制好浇水的频率和施肥量。多肉并不需要频繁浇水，只要土壤并不是完全干透的状态就不用浇水（干透浇透），一旦浇水的频率过多，其根部长期被包裹在湿土里很容易腐烂。如果是夏日，温度过高，可适当增加浇水的频率。在其生长旺盛期，也可多浇一点水。另外，多肉施肥也要适量，少量多次施肥，就不会伤害到根部。

第三，注意光照时长，防范病虫害。大多数多肉都比较喜欢阳光，在光线充足的环境里生长得更好。尤其是在多肉进入生长期的时候，要给予其足够的光照，令多肉植株更强壮，颜色更鲜艳美观。相反，当多肉进入休眠期的时候，就要避免长时间的暴晒。

多肉常见的病虫害有腐烂病、根粉蚧、红蜘蛛等，平时要加强种植环境管理，比如运用高温暴晒的方式提前对种植土壤进行杀菌消毒处理。如果已经产生了病虫害，那就要根据不同的病症对症治疗。需要注意的是，因为多肉植株小、叶片娇嫩，最好不要大面积地喷洒高浓度药剂，以免影响其生长。

养护妙招

用对方法，轻松养多肉

新手在种植多肉的过程中，会遇到各种各样的问题，但只要用对方法，就能逐步变成"养肉大神"。

多肉茎叶徒长怎么办？多肉枝茎过长，叶片低垂，可能是因为长期处于光照不足、通风条件较差的环境中造成的。可通过改善环境、掐除过长的枝叶、重新栽种的方式解决这个问题。

多肉掉的叶片过多怎么办？多肉经常掉叶，极有可能是根部出现了问题，若能及时修剪根部便能有效改善这一情况。

多肉什么时机换盆最合适？多肉最佳的换盆时机应该是春夏两季，尤其是夏初时节，这时候的温度、湿度等都很适合多肉生长，换盆后多肉也能保持良好的生长势头。

攀缘植物

攀缘植物指的是依附在墙、树、杆子等其他物体上向上生长的植物，这种植物的茎一般柔嫩细长。在家庭园艺中，攀缘植物能起到美化家庭环境、净化空气等作用，因此深受人们的喜爱。

🌱 不同类别的攀缘植物 🌱

攀缘植物中，有的依靠自身特殊的攀缘器官向上攀爬，比如卷须类攀缘植物、吸附类攀缘植物；有的则不具备攀缘器官，主要是利用枝叶去缠绕或用茎上的钩刺去钩挂其他物体逐渐向上或向旁边生长，比如缠绕类攀缘植物、蔓生类攀缘植物。

卷须类攀缘植物，依靠自身的攀缘器官——卷须向上攀爬，常见的有铁线莲、炮仗花等，都比较适合家庭种植。

吸附类攀缘植物，主要的攀缘器官为气生根或吸盘，这类植物在利用气生根或吸盘依附在墙面或乔木上攀缘时，会分泌黏胶。吸附类攀缘植物种类丰富，适合家庭种植的有常春藤、凌霄等。

缠绕类攀缘植物，主要是运用主茎缠绕于它物之上向上攀缘，本身不具备特殊的攀缘器官。适合家庭种植的有金银花、茑萝等。

蔓生类攀缘植物，主要利用自身柔嫩的枝条攀缘，攀缘能力较弱，适合家庭种植的有野蔷薇、紫藤花等。

卷须类攀缘植物：铁线莲

吸附类攀缘植物：凌霄

缠绕类攀缘植物：金银花

蔓生类攀缘植物：紫藤花

攀缘植物的栽种要点

攀缘植物摇曳生姿，极具观赏价值，在庭院中或阳台上种植攀缘植物变得越来越流行。那么，在家中种植攀缘植物需要注意哪些方面，又有着哪些栽种技巧呢？

第一，种植前，选好品种，做好规划。攀缘植物种类繁多，在种植前可根据实际条件选择合适的攀缘植物进行栽种，并准备好栽种工具（用于种植和松土的花铲、园林剪刀、喷壶等）。另外，需根据攀缘植物的习性去规划其茎叶的生长方向、路径，以营造心仪的景观。

第二，栽种攀缘植物。首先需要开辟种植穴（种植穴的尺寸依据实际情况而定），将准备好的营养土倾倒于种植穴中，保证穴内土壤具有足够的厚度（不低于40厘米）。其次，利用播种或扦插法去栽种攀缘植物，在植物生长过程中搭建好牵引架，并将植物茎叶轻轻绑在牵引架上，确保之前规划的生长路径和设计的景观得以实现。

第三，掌握攀缘植物的养护要点。攀缘植物一般都喜湿，在攀缘植物生长过程中要为其创造湿润的生长环境。尤其是在天气少雨干旱的时候，要勤浇水，最好早晚各一次。在夏季午间天气炎热的时候，可在其叶片上喷洒水珠，并进行遮阳处理。攀缘植物容易受到病虫害的侵扰，应注意防范白粉病、黑斑病等，可及时修剪枯枝、病枝，喷洒对症药剂，并定期施肥，为攀缘植物的生长提供足够的养分。

飘香瓜果

在家不仅可以种花，还可以种植各种瓜果，除了能为家里增添更多生机外，种出的应季瓜果还能送给亲友品尝，别有一番乐趣。这里简单举例，阐述以下几种瓜果的养护技巧。

草莓

草莓被誉为"水果皇后"，属多年生草本植物，其花小而洁白，为聚伞花序，其果实成熟后呈红色，酸甜可口，芳香浓郁。家庭种植草莓，可以种于庭院之中，也可种在不同材质的花盆里。

草莓比较娇弱，需要精心地养护，其种植要点总结如下。

首选四季结果型的草莓品种，选苗时要注意苗叶是否健康、粗壮、有光泽；选择排水性和透气性较好的营养土；勤施肥、浇水；将

尚未成熟的草莓

草莓盆栽放置在通风、温度适宜（大约 17—20℃）的环境中；及时摘除老叶和病虫叶，发现病虫害后，及时喷洒药剂等。

 西瓜

　　西瓜为葫芦科西瓜属植物，其品种丰富多样，我国各地都有栽培。西瓜叶柄粗壮，果实外形圆润光滑，果肉甘甜，汁水充足，是人们夏季降温消暑的佳品。

　　西瓜的栽培季节是春季和夏季，从栽培到收获大约需要 4 个月的时间。如有庭院，可在庭院中规划合适的土地种植西瓜，或者利用大

西瓜嫩苗

型容器，在阳光充足的阳台上种植西瓜。

　　西瓜苗在干燥缺水的环境中很难生长，需要定时浇水、施肥，同时确保光照充足，注意通风并防范白粉病和灰霉病。

香瓜

　　香瓜为葫芦目葫芦科植物，又称甜瓜，历史悠久，品种繁多。其瓜肉脆甜，芳香扑鼻，且具有很高的营养价值，所以深受人们喜爱。

　　种植香瓜，需要挑选透气性较好、具有一定肥力的土壤。需要注意的是，播种前应先将种子放置在55℃的水中长时间浸泡（不要超

瓜香阵阵，硕果累累

过 8 小时）。当种子发芽并长成幼苗后再进行定植。

香瓜比较耐旱，浇水无须过于频繁，在幼苗生长过程中需每隔 10 ~ 15 天浇一次水。浇水时可手执水壶，沿着香瓜苗的根部缓缓浇灌。在植株摘心后可施加肥料，施肥时，注意尽量远离根部。

 葡萄

葡萄为葡萄科葡萄属植物，其品种繁多，各品种间成熟日期略有差异，但一般都在夏秋季节（大约 8—10 月）。葡萄果肉紧致柔滑、饱满多汁、酸甜可口，是最常见且最受欢迎的水果之一。

栽种葡萄苗的时候，要注意使用透气性好、营养丰富的土壤，这有利于葡萄苗根系的生长。当温度升高，葡萄苗生长迅速的时候，需适当加大浇水量，保持土壤湿润。雨天时减少浇水量，以免土壤中水分过多导致葡萄苗根部感染。在葡萄苗根部施肥（可使用氮肥、尿素等肥料）能促进葡萄产量增加，注意控制施肥量，避免滥用肥料导致根系损伤。

长势良好的葡萄

时令蔬菜

在家中打造一个小菜园并不难，不同的季节，可栽种不同的蔬菜，但唯有经过精心的培育和细心照料，才能实现一年四季"随摘随吃"的梦想。

春夏蔬菜

春夏时期，植物长势良好。适合春夏种植的蔬菜有很多，比如小白菜、空心菜、花椰菜、番茄、尖椒、韭菜等。

小白菜，十字花科植物，一般高不超过50厘米，茎直立，叶柄较宽。小白菜种植难度不高，生长期较短且营养丰富，很适合新手种植。先准备菜种、肥料、营养土，均匀撒下菜种后，静待其发芽。出芽后浇水要适量。幼苗生长至少半个月后，再追加肥料。到了生长旺期，施肥和灌水的次数可适时增加。

　　空心菜，旋花科番薯属植物，分布广泛，栽种难度较低。空心菜在温暖、潮湿的环境中生长得更好。其适应性较强，相比其他蔬菜，其对土壤品质的要求不算太高。在空心菜生长过程中，如果侧枝过多，枝条较为拥挤，可适当进行修剪，同时勤浇水，保持通风透光。

　　花椰菜，十字花科芸薹属植物，有些地区的人则习惯称其为花菜或菜花。花椰菜根部较为粗壮，花球一般是半球形，表面呈颗粒状。可选择高质量幼苗进行栽种，栽下幼苗后要及时浇水，大约两周后，适量施加肥料。花椰菜对光照需求量较大，需要栽种在光照充足的环境中。在其生长过程中要定时定量地浇水。

鲜嫩的空心菜

番茄，又名西红柿，茄科茄属植物。番茄果实外形光滑圆润，滋味鲜美，酸甜可口，且具有丰富的营养价值，因此十分受人欢迎。番茄品种丰富，园艺新手可选择种植难度较低的珍珠番茄（果形较小，甜度高）进行栽种。种下幼苗后，可将一根长度适宜的细棍插入花盆中，将幼苗的茎轻轻绑在细棍上，这能有效避免茎倒塌。等到幼苗越长越高，再根据实际情况重新搭建支杆。番茄生长过程中，需要不停地剪枝打杈，以集中营养，提高果实产量。

色彩鲜艳的番茄

辣椒，茄科辣椒属植物。果实为青绿色（后慢慢变红），呈纺锤状，含有大量的辣椒素和维生素 C，营养丰富。一般在春季栽种，从栽培到收获大约只需一个月的时间。辣椒耐热、喜光、喜湿，应将其放置在光照充足、通风的环境中，并定期浇水施肥。辣椒幼苗在生长过程中会长出很多侧枝，等幼苗开花后，除了主枝和离第一朵花最近的两枝侧芽，其余侧芽都要摘除，这能有效提高辣椒的产量。

韭菜，百合科葱属植物，根茎横卧，气味强烈，既耐寒也耐热，种植难度较低。在种下韭菜种子前，先将种子放在温水中浸泡（最好泡够 12 小时），再将其均匀地撒在透气疏松的土壤中，等待其发芽。在这个过程中，要勤浇水，保持土壤湿润。只要温度适宜，光照充足，韭菜生长十分迅速，一般十几天就能收获一茬韭菜。

鲜绿的韭菜

秋冬蔬菜

秋冬两季的时令蔬菜也有很多，适合家庭种植的有豆角、黄瓜、莲藕、紫茄子、胡萝卜等。

萝卜，十字花科萝卜属植物。我国在很久之前就开始食用萝卜，民间有"冬食萝卜夏食姜"的说法。萝卜富有多种维生素和微量元素，经常食用能促进肠胃消化，增加身体免疫力。萝卜耐寒、怕高温，从栽培到收获，大约需要两个月的时间。

种植萝卜前，先精选种子，种子优良才能保证出苗顺利、苗壮健康。下一步是在土壤中播撒种子，撒下种子后要及时浇水，湿润的环境更利于种子发芽破土。在萝卜生长过程中也要及时疏苗（拔除部分不够强壮的幼苗）、培土（防止幼苗倒伏）、施加水肥。

成熟的萝卜

洋葱幼苗

洋葱，百合科葱属植物，鳞茎粗壮，浑圆饱满，气味浓郁，营养丰富。洋葱最佳栽培季节为秋季，种植难度较低。作为长日照作物，洋葱在适宜的光照条件（中等强度）下生长得更强壮。

种植幼苗时，将芽尖朝上，幼苗间留下足够的空隙（大约 10~15 厘米）。需要注意的是，覆土时要露出芽尖，只需盖在根部。浇水要适量，等幼苗长出约一个月后再施肥（磷酸含量较高的肥料更适合洋葱生长）。

菠菜，藜科菠菜属草本植物。种类繁多，口感鲜甜，是秋冬季节人们餐桌上最常见的蔬菜之一。菠菜对温度的适应力较强，对光照强度要求也不高，生长于寒冷的环境反而能提升其口感。为菠菜幼苗施肥时，以氮肥和磷、钾肥为主，浇水应多而勤。

菠菜幼苗

葱郁树木

　　如果家有庭院，在院落里种上几棵具有观赏性的树木，不仅能很好地净化空气，给家居环境增添更多的绿意与生机，而且种植的过程也是充满乐趣的。

🌱 中、大型树木，装扮庭院空间 🌱

　　适合在家庭庭院中种植的树木有罗汉松、芭蕉树、红枫等。

◆ 罗汉松

　　罗汉松，即土杉，罗汉松科罗汉松属植物。罗汉松四季常绿，株形较大，变种较多，常见的有短叶罗汉松、狭叶罗汉松、柱冠罗汉松等。对于很多园艺爱好者而言，罗汉松身姿优雅，针叶密集如云，气韵清逸高洁，种在家中，能给整个家带来一抹独特气质。

罗汉松对土壤的要求不太高，在温暖潮湿的气候中生长良好。南方气候温润多雨，十分适合罗汉松生长，在南方，其常常扮演着庭院树的角色。而北方干燥、昼夜温差大，罗汉松不适合被种在庭院里，人们一般将其培植在花盆里，作为盆景树的罗汉松受到很多人的喜爱。

罗汉松盆景

◆ 芭蕉

芭蕉，芭蕉科芭蕉属植物，叶呈长圆形，叶面光洁，整体高大翠绿，极具观赏价值。南方的庭院中适合种植芭蕉树，其耐寒性差，喜光，能在35℃的高温天气里很好地生长。

高大翠绿的芭蕉树

种植芭蕉树的土壤最好是透气性强、肥力足的沙壤土，栽种后注意勤浇水，令土壤保持湿润。

◆ **红枫**

红枫，槭树科槭属植物，树高 2 ~ 4 米，树形挺拔、美观。红枫对环境的适应力较强，喜光、喜水，同时耐阴、耐寒，在我国南北各地都有种植。

红枫叶片艳丽夺目，璀璨如霞，在家庭庭院中种植红枫，能给人带来绝美的视觉体验感，令人心情愉悦畅快。

艳丽璀璨的红枫

小型盆景树，美化室内空间

如果家中没有庭院，可以在阳台、客厅等地摆上一些小型盆景树，如发财树、菜豆树等。

◆ 发财树

发财树，即光瓜栗，木棉科瓜栗属植物，株形优美，绿意盎然，深受园艺爱好者的喜爱。

发财树喜好高温、湿润的环境，在寒冷的冬天如果不注重养护就容易枯死。在生长期间，要定期施肥（大约每隔半个月追施适量肥料），

发财树

如果长势良好，要及时换盆（每隔 1 到 2 年换稍大一些的盆）换土。到了冬季，应注意保温，并减少浇水量。

◆ 菜豆树

菜豆树，紫葳科菜豆树属植物，人们习惯称其为"幸福树"。菜豆树树形优美，四季常绿，喜温暖、潮湿、通风的环境。冬季要采取保温措施，并严格控制浇水量。

　　菜豆树的主要病虫害包括叶斑病、蚜虫、螨虫等，可使用对症药剂进行喷杀处理，比如螨虫可用杀螨剂，蚜虫可用辛硫磷（需要注意不可过浓，以免伤害根系）。夏季菜豆树叶斑病高发，可将其搬到半阴通风的地方，同时在叶片上喷洒杀菌药物。

菜豆树

第三章

园艺造景，装点家庭空间

家庭园艺是以家庭空间为核心而进行的园艺设计，包括室内空间和室外庭院。家庭园艺将自然风景带入居住空间，能够让心灵回归自然，让人们在绿色、健康的环境中放松身心，获得生活的幸福感和满足感。

客厅园艺，彰显格调

客厅是家庭活动的重要区域，人们在这里会客、休闲、娱乐等，因此客厅的绿植或花卉的布置就显得极为重要。

园艺装饰看似是客厅中的点缀，并不占据多大的空间，但实际上，植物的选择、布局等对客厅的美观性与氛围营造有着重要的影响。

🌱 根据客厅情况选择合适的绿植和花卉 🌱

不同风格、不同布局的客厅要选择相应的绿植和花卉，这样才能够让园艺设计与客厅的设计相得益彰，共同营造出自然和谐的氛围感。

客厅通常面积较大，除了沙发、柜子等大型家具的固定摆放外，剩余使用空间较多，因而可以摆放一些大型植物，如龟背竹、散尾葵等绿植，或是牡丹、石榴等大型花卉。

一些小型花卉和绿植可以摆放在大型绿植旁边，也可以摆放在茶几、柜子等家具上。比如，绿萝、铜钱草等小型绿植占地小，方便打理，放在茶几上能够增添一些绿意。如果想要客厅的色彩更加明艳一些，也可以选择玫瑰、百合、郁金香等鲜艳花卉。但这样的花卉花期有限，不能长时间存放。

大型绿植为客厅增添绿意

百合花为客厅增添活力

小型花架打造园艺空间

倏若空间足够，想要放置更多的植物，就可以在客厅放置一个小型花架，将多种植物摆放在一起，形成一个小型的园艺空间，让客厅充满自然气息。

在现代居室中，客厅大多与门厅相连。将花架放在玄关处做隔断，既能够让客厅保持空间独立性，也可以起到装饰作用。还可以将花架放在客厅与餐厅之间做隔断，花架的镂空设计既不会使整体空间有断裂感，又能够巧妙地划出客厅与餐厅的界限。

花架中的植物数量不应过多，要留下适当的空间，可以在闲置空格中放置小巧的装饰品或书籍，也可以保持空白的状态。这样整个花架不会太繁杂，还能够起到分隔空间的作用。

用作隔离的花架多为大型花架，需要的空间较大，所需植物也较多。若是空间有限，可以在客厅角落或墙边放置小型花架。

花架中的植物不宜过大，可以选择多肉、吊兰、紫罗兰等。大小不一的植物相互搭配，可以将花架装饰得恰到好处。

客厅中的花架，让植物摆放更加整齐

卧室绿植，装饰助眠两相宜

　　卧室是人们休息、睡觉的主要场所，卧室中的绿植最好选择有助眠功效的，这样既有助于身体健康，也能够起到装饰作用。

　　富贵竹、君子兰、虎尾兰等可以吸收废气、净化空气，是适合养在卧室的植物。芦荟、薄荷、吊竹梅等气味温和，可清热解毒，同样适合养在卧室之中。

　　卧室作为休息的场所，需要安宁、舒适的氛围，一些香气浓郁或颜色过于艳丽的花卉不适合养在卧室中。夜来香、百合、月季等花芳香扑鼻，养在卧室容易刺激嗅觉，使人兴奋，不利于睡眠。

　　薰衣草呈淡紫色，淡雅清新，观赏价值很高。其气味有助眠镇静的作用，能够帮人们缓解焦虑情绪，提高睡眠质量，是经常在卧室中摆放的花卉。

　　雏菊、蝴蝶兰等小型花卉，花朵小巧，香气自然，也可以摆放在卧室。需要注意的是，这些花卉大都有香气，如果放置在床边，则可能会干扰人的睡眠。因而，最好将这些花卉放在书桌或窗台上，与床保持一定的距离。这样，既能够起到助眠的效果，也不会危害身体健康。

卧室中的植物要尽量摆放在墙边或角落处，以免阻碍通行和人们的正常活动。如果植物摆放位置不当，就可能发生意外事故。

另外，光合作用使植物将二氧化碳和水转化成有机物，并释放出氧气，能够净化空气，但呼吸作用又会使植物生成二氧化碳。所以，卧室中的植物不宜过多。

卧室中放虎尾兰等植物，能够净化空气

在卧室摆放薰衣草有助眠功效

不同花卉的功能

　　能够利用植物的不同功效，将其放置在合适的空间，是园艺学习中的重要内容。

　　芦荟、龟背竹、菊花、山茶花、石榴、常春藤等能够吸收有害气体；仙人掌、虎尾兰、景天、龙舌兰等在夜间能够释放氧气；紫罗兰、柠檬、石竹、蔷薇等能够清除病菌。这些植物都有净化空气的作用，可以养在室内。

　　丁香、夜来香等会在夜间排出废气；郁金香、百合、兰花等则会刺激嗅觉，使人失眠；夹竹桃、紫荆花等可能使人过敏，甚至中毒。因此，此类花卉不宜养在室内。

阳台花园，把大自然搬进家里

阳台是房屋的延伸部分，空间独立，光照充足，最适合打造室内小花园，既能美化环境，也让人身心舒畅。

布置阳台花园的注意事项

阳台作为居室的一部分，其园艺的设计要与居室风格相统一，不能过于独立。如果居室风格典雅复古，那么阳台的布置也应当体现复古风；如果居室风格清新自然，那么阳台的布置应当体现田园风尚。如果将中式风格的盆栽或花卉放在西式装修的阳台中，则会破坏整个阳台的美感，有违园艺设计的初衷。

因而，在设计阳台花园之前，首先要确定家居的整体风格，然后

典雅的中式阳台

根据家居风格来设计阳台花园，选择合适的植物摆放，并选择与之相配的花盆和花架。这样，整个阳台才会与家居风格相配，起到锦上添花的作用。

阳台的日照时间长，较为干燥，因而喜阴的植物不宜养在阳台。棕竹、文竹、龟背竹等都是喜阴植物，不宜久晒，长期养在阳台容易受损。

种满鲜花的西式阳台

🌱 根据阳台类型设置花园样式 🌱

根据阳台的类型，可以设计不同种类的阳台花园。

开放式阳台直接与外界接触，在这样的阳台养花，要特别注意阳台的温度和光照，应根据外界的气候变化，及时调整植物的位置，避免植物因天气变化受损、凋零。

季节不同，开放式阳台所放置的植物也会有所不同。春季，可以种植长寿花、石竹、山茶花等花卉；夏季可以种植的花卉较多，芍药、非洲菊、雏菊等都可摆放在阳台。但需要注意的是，夏季多雨，南方还有台风天气，风雨进入阳台，可能会对花卉造成损伤。因而，在多雨的地区，开放式阳台中的花卉摆放不应过多，牡丹、玫瑰等易损伤花卉在风雨天气要移入室内。

秋季，气候温和，可以种植茉莉、石榴、文心兰、发财树等植物。冬季，北方气候寒冷，多风，不宜在开放式阳台种植植物；南方地区可以种植梅花、金橘等耐寒的植物。

封闭式阳台是室内空间，温度与室内基本一致，外界的天气变换对植物的影响有限，可以种植的植物较多。但封闭式阳台空气流通较差，植物生长需要新鲜空气，因而在封闭式阳台建造花园要时常通风，以满足植物的成长需要。

打造阳台花园时，在阳台中摆放花架是花园布置最简单的方法，将植物

开放式阳台花园

封闭式阳台花园

井然有序地放在花架中，就能够形成一个花卉景观。如果想要养紫藤、常春藤等藤类植物，可以在阳台中建造支架，让这些藤蔓沿着支架生长，从而形成花园景观。也可以安装吊篮，将一些花卉吊在阳台上方，就形成了一个错落有致的小花园。

阳台花园的呈现效果会受到阳台面积的影响。如果阳台空间足够，不仅可以将花卉摆放在阳台，还可以设计喜欢的风格，将一些饰品、桌椅一起摆放在阳台，打造一个惬意的小花园。

如果阳台面积较小，就要在保证不影响阳台使用的情况下布置花园。首先要保证阳台通风、透光，之后在合适的位置摆放花卉即可。

花架和支架打造精美阳台花园

舒适的阳台花园

养护
妙招

花卉的养护

适当的养护对植物的健康生长极为重要。想要让花卉有长久的生命力，要特别注意花卉的养护工作。

浇水要把握好时间，根据植物对水分的需求来浇水。浇水的频率不能过高，要等土壤表面干燥之后再浇水，否则就可能因水分过多而烂根。

施肥分为基肥和追肥两种，基肥在植物栽种时施用，追肥在植物生长过程中施用。无论是基肥还是追肥，都要考虑植物的生长习性，施肥时不宜过多，不然就会导致营养过剩。

病虫害是养护过程中的常见问题，常见的病虫害有白粉病、红蜘蛛、蚜虫等，不同的病虫害有不同的表现，需要不同的治疗方法。为了防治病虫害，需要时常喷洒各类药物，及时通风，减少病虫害对植物的侵害。

# 户外草坪与庭院园艺造景

庭院中的园艺可以根据庭院的风格来确定，不同风格的庭院适合不同的园艺设计。通过多种植物的搭配组成错落有致、自然和谐的庭院景观，会给人赏心悦目之感。

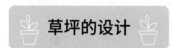
草坪的设计

铺设草坪是庭院园艺设计中较为普遍的一种，简单又实用。在庭院中铺设草坪，能够增加庭院的绿化面积。草坪中可以种植树木、放置山石，布置想要的景观，还可以用于休闲娱乐。

简约的草坪以草地为主体，在草坪中种植少量的花草，视野开阔，便于打理。

想要更有生活意趣的草坪，可以根据庭院的风格选择适合的植物

简单的草坪

　　进行栽种。比如，在庭院中修建小型花坛，根据时节的不同种植不同花卉，使得草坪更具田园气息。

　　想要更具生活气息的草坪，可以铺设石板，形成"田间小路"。还可以安装篱笆、长椅、路灯等，增加生活氛围感。

　　在庭院中铺设草坪要特别注意草坪的养护问题。草坪需要定期修剪，以保持整体的美感。同时，要清理杂草、枯草，以保证草的正常生长。除此之外，施肥、灌溉、防治病虫害等都是养护草坪需要做的工作。

　　草坪在庭院园艺中占据的面积较大，其生长状态会直接影响庭院的美观度。所以，如果要在庭院中铺设草坪，就一定要做好草坪的养护工作。

花卉装点的草坪

 庭院造景

　　根据庭院的不同风格，可以打造不同的庭院园艺景观。人们可以根据庭院的风格选择适合的植物，采用不同的搭配方案，搭配其他景观要素，形成一个完整的庭院园林景观。

中式庭院的园艺设计要有古风古韵。可以选择种植梅树、竹子、桂树、松树等在中国传统文化中具有深刻意蕴的树木，以此来彰显庭院的古典美。

中式庭院的草木不宜过多，要以适量的植被营造写意的氛围感，简单的灌木搭配少许花丛更符合中式庭院的风格。同时配以山石、亭台等具有中国风的建筑和装饰，就能够构成一个简单的中式庭院景观。

水景是中式庭院园林景观的重要组成部分。在庭院中建造水池，在水池边栽种树木、放置山石，打造具有古典气息的景致，这是中式庭院的常用造景方式。

西式庭院的园艺设计要彰显自然风尚，注重不同植物的搭配，使其错落有致，色彩丰富，形成一个整体。

中式庭院景观

花墙是西式庭院中的常见景观。以墙面或篱笆为支架，用紫藤、蔷薇、常春藤等花卉搭建花墙，使得整个庭院充满田园气息。

花卉的搭配是西式园艺设计中需重点关注的问题。因为用到的花卉较多，所以要特别注意花卉的颜色、种类的搭配。花卉的颜色不宜过多，过多色彩的堆积会使庭院显得混乱。可以在院中建造花坛或花台，将颜色、种类相配的花卉种植在一起，这样既能让庭院显得整洁美观，又为庭院增添了生机。

用花墙为庭院造景

第四章

插花装饰，增添生活情趣

鲜花能给人带来美好的视觉感受与心理感受，是
家庭园艺装饰的重要元素。

　　在不同的房间、不同的节日，搭配不同的插花装
饰，能为家庭居住空间增添一抹亮色，在改善室内
空气的同时，可以营造温馨、欢乐、浪漫、积极向
上的家庭生活氛围，愉悦自己和家人的心情，给生
活增添许多情趣。

 花与花语

目前，世界上的花卉超过 40 万种，不同的人有各自爱的花，在家中种植或插上自己喜欢的花，无疑能让生活更加丰富多彩。

令人赏心悦目的花卉

花卉属于草本植物，具有较强的观赏性，不同的花卉有不同的花期，可在不同季节为家庭增色添彩。

或是在阳台打造一个小花园，或是在桌案上摆放一束美丽的插花作品，于个人、于家庭都是美的装饰，都传达了对生命的喜爱和对生活的热爱之情。

窗边的小雏菊

餐桌上的红玫瑰

客厅茶几上的郁金香

常见花卉的花语

花语（Language of flowers）是人们寄托在某一种花上的愿望、情感，人们会将一些美好或不便直接用语言表达的愿望、情感通过花语表达出来。不同的花有不同的花语，有时同一种花，颜色不同，花语也不同；花的数量不同，花语也不同。

这里简单列举在家庭生活中比较常见的花卉及其花语，见表4-1。

表 4-1   常见花卉及其花语

花卉名称	花卉图片	花语
红玫瑰		爱情、热恋
粉玫瑰		感动、初恋
黄玫瑰		嫉妒、分手
红色郁金香		热爱、喜悦
粉色郁金香		爱惜、幸福
黄色郁金香		富贵、高雅、友谊

续表

花卉名称	花卉图片	花语
百合花		纯洁、心心相印
菊花		高洁、清净、真情
小雏菊		纯洁、愉快、幸福
粉色风信子		幸福、浪漫、温馨
紫色风信子		忧郁的爱，道歉
紫罗兰		永恒的爱、美德、青春永驻、相信我

续表

花卉名称	花卉图片	花语
粉色康乃馨		热爱，永远不会忘记，祝母亲永远年轻美丽
红色康乃馨		赞赏、崇拜、迷恋、心为你而痛，祝母亲健康长寿
兰花		高雅、美好、淡泊
栀子花		喜悦、坚强、永恒的爱
茉莉		纯真、敬爱

续表

花卉名称	花卉图片	花语
丁香		纯真、谦虚、光辉
海棠		美丽、苦恋、离愁
月季		幸福快乐、赞美欣赏、热烈的爱
杜鹃		快乐、鸿运、奔放、清白、忠诚、思乡
牡丹		富贵、圆满、吉祥、国色天香

园艺百科

在家养花，益处多多

在家里养花，呵护花卉健康成长，需要耗费不少的时间和精力，那为什么越来越多的人爱花、养花呢？在家中养花有诸多益处，主要表现在以下几个方面。

第一，花卉色美、气香，能美化家庭生活空间、净化家居环境中的空气，是天然的装饰品与芳香剂。

第二，养花能丰富个人的园艺相关知识，如认识花卉品种、花语、生长习性、原产地、功用等。

第三，养花可愉悦心情，花卉赏心悦目，能带来疗愈人心灵的效果，可令人放松、纾解心理压力。

第四，养花可以培养个人意志力，持续养护花卉并不是一件简单的事情，如果能坚持将这件事情做好，对个人也是不小的挑战，因此养护花卉对锻炼个人意志力有很好的帮助作用。

　　第五，不同的时节里，在家中养花、插花，能为生活增添一份仪式感，让生活更加丰富、有趣、多彩。

 # 如何挑选合适的花

对于在家庭环境中应该选择哪些类别、哪些品种的花，不同的人有不同的看法，那么究竟该如何挑选出合适的花卉呢？以下几点建议可供参考。

根据喜好挑选花卉

如果你是一个爱花达人，那么你一定知道，挑选花时一定要优先考虑自己喜欢的、感兴趣的、有意愿去种植和打理的花，这样你才会更愿意投入时间和精力去照顾它们。不过，如果你愿意挑战和尝试，即使面对自己不了解的或者难成活的花卉，也愿意去学习相关的园艺知识，于己于花，都是有利的。

当然，在挑选花卉时，不仅要考虑个人的喜好，还要充分考虑家

庭成员的喜好，应尊重和询问他们的意见或建议。家人的支持，既有助于你更好地在家中照顾花卉，也能让你增加养好花卉的信心。

根据养护条件挑选花卉

家养花卉需要得到主人的悉心照料才能长出健康的枝叶，绽放出饱满、鲜艳的花朵。一般来说自己所能投入的时间和具备的养护条件，是养花者在挑选花卉时应重点考虑的两个方面，兼顾好二者就能使自己享受鲜花常伴的同时，也充分照顾花卉的生长需求。

例如，现代人生活节奏快，平日生活、工作繁忙，没有太多时间顾及花卉生长，可是又希望家中某一个空间能放上几株鲜花陶冶情操，那么就可以选择不需要频繁浇水的花卉，即在挑选花卉时，要考虑花卉生长的水分需求。

此外，在挑选花卉时，还要考虑到花卉生长对温度的需求。在满足花卉生长的温度后，便能在家中不同季节观赏不同花卉，甚至能实现四季都有鲜花相伴的美好愿望。

如果生活在北方，挑选一些耐寒的花卉是明智的。或者有条件的话，可以为心爱的、不耐寒的花卉搭建一个保温棚，以帮助它们度过寒冷的冬季。如果生活在南方地区，种植一些耐高温的花卉是比较合适的，喜欢在寒冷环境中生长的花卉就不适宜种植。

常见花卉生长对水的需求和对温度的需求可参考表 4-2、表4-3。

表 4-2　常见花卉生长对水的需求

根据需水量划分的花卉种类	生长特点	常见花卉品种
水生花卉	生长在水中	荷花、睡莲、水竹等
湿生花卉	适宜生长在潮湿的环境中	水仙、兰花、龟背竹等
中生花卉	过干过湿均不适宜生长	海棠、绣球、栀子花等
半旱生花卉	抗旱力强，浇水要浇透	杜鹃、白兰、山茶花等
旱生花卉	适宜生长在干旱的环境中	仙人掌、景天、石莲花等

表 4-3　常见花卉生长对温度的需求

根据温度环境划分的花卉种类	生长特点	常见花卉品种
不耐寒花卉	适合在 5℃以上的环境中生长	文竹、扶桑、一串红、鸡冠花等
半耐寒花卉	适合在 0℃以上的环境中生长	牡丹、月季、桂花、芍药、郁金香等
耐寒花卉	可以在 0℃以下的环境中生长	丁香、梅花、紫藤花、金银花、迎春花等

不同花的修剪与插花方法

科学的修剪可以让花卉的生长状况更好，合理的插花技巧与方法能让家庭生活更多一分自然之趣和自然之美。下面简单介绍家庭园艺中常见花卉的修剪与插花方法，以供借鉴。

花卉常见修剪方法

◆ 挑选合适的花卉修剪工具

"工欲善其事，必先利其器。"在修剪花卉之前，需要几个称手的工具，这样才能更好地开展修剪工作。家庭园艺常用花卉修剪工具主要有修枝剪、修枝锯、斧头、刀具、梯子等，详见表4-4。

表 4-4　常见花卉修剪工具

工具	细分工具	用途
修枝剪	普通修枝剪	一般剪截直径在 3 厘米以下的枝条
	长把修枝剪	利用杠杆原理修剪具有一定高度或远距离的枝条
	高枝剪	修剪高空中的枝条
	绿篱剪	修剪整片枝条，可做造型
修枝锯	单面修枝锯	深入枝叶丛中，锯除树冠内的一些中等枝条
	双面修枝锯	锯除粗大的枝
	高枝锯	修剪较高花卉品种的树冠上部的大枝
刀具	手动刀具、电动刀具	改善大枝光秃或培养主枝等
斧头	短斧、鱼尾斧、凤头斧等	用于砍树或钉木桩
其他	工作服、手套、安全帽、胶鞋等	用于花卉修剪过程中的防护

　　不同的修剪工具在花卉修剪过程中发挥着不同的作用，可以结合花卉生长情况和修剪目的选用合适的、使用起来得心应手的工具，日常不使用工具时，应做好对工具的养护，如将工具置于安全、干燥处，防止工具掉落砸伤人或生锈，电动工具在不用时应及时断电，以免发生意外事故。

◆ 处于不同生长周期的花卉修剪

　　一般来说，根据花卉的生长周期，对花卉的修剪主要集中在两个时间段，一是花卉生长期的修剪，二是花卉休眠期的修剪。

在花卉的生长期，对花卉的修剪主要包括徒长枝修剪、密集的早花苞修剪，目的是使花卉能将养分都输送到健康的枝叶和花苞上，使花卉生长得更加繁茂。

在花卉的休眠期，对花卉的修剪主要包括截干、疏剪、剪截、缩剪等。这些修剪工作通常在早春进行，但要根据气候判断修剪时间，一般不建议修剪过早，以免花卉伤口愈合缓慢、发生冻害；当然也不可过晚修剪，以免新枝芽萌发而浪费养分。

◆ 常见花卉的修剪方法建议

不同品类的花卉修剪方式方法不同，在修剪时应有针对性，这里重点介绍以下常见花卉的修剪。

月季的修剪：建议在花开后 15 天内进行修剪，重点剪掉长势不好的枝叶和花苞，以促进新梢萌发；在冬季修剪，可促进来年多开花。

丁香的修剪：建议在每年的五、六月修剪，尤其应注意在花开以后修剪，可以重点剪除过于密集的枝叶和病虫枝叶，确保花卉主体通风和透光良好。

蟹爪兰的修剪：在秋天花期临近时，可以修剪掉一些新叶片和残缺的叶片，这样可以让蟹爪兰更好地开花。

绣球花的修剪：绣球花的花期前后应避免修剪，绣球花通常在秋季发育花芽，如果这时修剪将导致来年不能如期开花。此外，对绣球花的修剪主要是在高度调整方面，有轻剪和重剪两种方式。轻剪时，枝条可留下约三分之一，以上部分可全部剪掉，以促进绣球花生长更多的侧枝；重剪时，在绣球花植株的 3~5 厘米处的叶芽上方修剪，促使植株从叶芽处长出新的枝条，使植株更矮壮。

　　这里需要特别提醒的是，对正在生长的花卉进行第一次修剪时，剪刀应与花枝垂直，以最大限度减少切面，避免花卉伤口过大不好愈合；而对于修剪下来用于插花的花枝，进行二次修剪时，应调整剪刀与花枝成锐角，增大花枝切面，以方便花枝被置于花瓶中时更好地吸收花瓶中的水分和营养液。

用剪刀倾斜修剪花枝

花卉摘心

摘心是对植物的顶芽进行剪除的一种修剪方法。适时修剪掉花卉的顶芽，可以使花卉生长得更加饱满，拥有更多的侧枝和花朵。

花卉摘心的修剪方法十分简单，只需用剪刀将花卉枝条顶端的部分去掉即可。在操作过程中，应注意避免弄伤花卉。

常见插花与搭配方法

◆ 挑选花器

正如不同的花给人不同的心理感受，不同的花器也会给人带来不同风格的审美体验。

插花所用花器并不局限于哪一种材质或形状，可以结合花卉品种、插花造型或家居空间风格、氛围和意境来挑选合适的花器。一般来说，玻璃材质的花器大多比较通透、质感强、颜色亮，比较适合现代风格的家居环境；竹、木、藤的花器给人以质朴质感，适合田园风格的家居环境；金属材质的花器可为插花增添一份硬朗感和工业气息；中国传统瓷器、陶器用作插花，可彰显浓郁中国风，制作精良的瓷器花瓶更能提高插花的艺术审美品位。

插花是一门看似简单但内容丰富、意蕴深厚的艺术，在挑选花器时需要考虑的因素远不止材质这一种，花器的造型、颜色、图案等都应考虑在内，这并不难理解，这里不再赘述。

当然在考虑花器本身的艺术审美特征的基础上，插花者也可根据自己的喜好、插花造型、意境营造等来挑选合适的花器。

造型各异的花器

◆ 准备花插或花泥

花插和花泥用于固定、承托花枝。与花插相比，花泥除了可以固定花枝，还可以为花枝提供必要的营养。插花者可以在鲜花店选购自己需要的花插或花泥。

插花时有时还需要用玻璃胶、贴布、铁丝、丝带等来固定花枝，具体可以根据需要准备。

◆ 造型与搭配

插花可呈现出不同的造型，造型可简单分为对称式、不对称式；也可根据空间走向分为水平式、下垂式、倾斜式；还可根据意境和风格分为东方式插花、西方式插花等。插花者需要不断地探索和积累经验，才能在拿到插花所用的花草素材时，构想出适宜的插花造型（表4-5）。

表 4-5　常见插花造型

造型	特点
对称式	为对称的几何图形，如球状、椭圆形、塔形、三角形等。形状对称、层次丰富、花簇饱满
不对称式	为不对称的形状，造型疏密有致、丰富灵动
水平式	花簇展开的最大部分超过插花花器最大直径的 2 倍以上，从上方看，花簇仿佛水平铺展在台面上。造型有庄重大气之感，适合放在门厅台面或客厅茶几上

续表

造型	特点
下垂式	多运用在藤蔓生花卉的插花作品中。花枝从花器中倾泻而出，向下悬垂
倾斜式	适用于自然倾斜或弯曲的花枝插花，或花枝斜插入花器。造型给人一种动静相宜之美
东方式	可进一步细分为直立式、垂挂式、平卧式、野趣式等。整个造型或直立向上、高低错落；或如瀑布高悬、流畅倾泻；或由中心向两边或四周蔓延、无明显高低层次；或呈现出灵动别致的造型美
西方式	造型呈"S"形、"L"形、三角形或扇形

　　无论哪种造型，其插花顺序和方法都大同小异。

　　新手尝试插花，可以根据构思（或选取插花图片对照插花，或将插花造型手绘在纸上再插花），从中间部位的花枝开始插，先固定中间，然后沿着花插依次插入各花枝，或调整插入花泥的花枝角度，并选用不同长短、形状的花卉或枝叶进行搭配调整，使整个花簇呈现出一定的造型或意境。

对称式（球状）插花

水平式插花

倾斜式插花

东方式（直立式）插花

东方式（野趣式）插花

西方式（三角形）插花

在插花搭配方面，花应与花器协调搭配，注意不同花朵的花色搭配（万用色搭配、同色系花色搭配、补色对比搭配），还应充分考虑花的品种之间的合理搭配。这里着重阐析后者。

不同花的颜色、气味、外形、花语不同，用同一品种的花卉进行插花可以实现花卉在品种上的统一美，如一束花团锦簇的红玫瑰，或红粉玫瑰疏密有致，这样的搭配大概率不会出错。而为了让插花作品更富有层次感、创造性和感染力，插花时通常会考虑不同品种的花进行搭配。选择不同品种的鲜花或干花进行插花，并没有"固定搭配"和"标准搭配"一说，要综合考虑插花造型、意境与目的。

以下推荐几种常见花卉品种的插花搭配（表 4-6）。当然也可以根据自己的需求和喜好自行搭配，充分发挥创意，或许有意想不到的视觉效果。

表 4-6　常见的插花搭配

花卉	搭配推荐
玫瑰	玫瑰非常百搭，可与百合花、满天星、勿忘我、栀子叶等进行搭配，也可装饰糖果或小巧的毛绒玩具
百合花	可搭配玫瑰（如白色百合搭配紫色玫瑰、粉色百合搭配红色玫瑰）、向日葵、满天星、剑兰等
向日葵	可搭配玫瑰、百合花、康乃馨、马蹄莲、跳舞兰以及龟背竹叶等
郁金香	可搭配玫瑰、百合、满天星、风信子等
铃兰	可搭配玫瑰、百合、兰花、郁金香、康乃馨等

插花与家居物品、空间的搭配

花是家居空间的重要点缀，通过插花与家居物品的和谐搭配，能体现出主人的审美品位，并为家居空间增添气氛与气韵，起到锦上添花或画龙点睛的作用。

插花与家居物品、家居空间的搭配应充分考虑以下几方面的内容。

第一，插花是点缀，不宜喧宾夺主，体量或颜色应低调，不应抢夺家居物品的视觉焦点，应让局部范围内的视觉焦点尽量集中在家居物品上。例如，茶几上成套中式传统茶具旁边的插花、全家福相框旁边的插花、厨具旁边的插花等。

第二，插花与周围物品应相得益彰。这一点可以在花器的选择上多赋予巧思，如厨房插花所用花器，不妨试着从废弃的锅、碗、瓢、杯中就地取材。

精致小巧的插花让单调的墙壁焕发生机

第三，插花应与家居空间环境的氛围契合。例如，书房是家居空间中比较静谧的地方，不宜在书桌旁或书桌上摆放颜色过于浓烈、体量巨大的插花，以免与书房安静的氛围不搭，或分散居住者学习、工作的注意力，插花应小巧、精致。

第四，可以通过插花让家居空间更富有层次感，如在摆放、色彩等方面体现出错落有致的花园景致，起到引导视线、丰富空间的装饰作用，在玄关、走廊、楼梯转角等处放置插花尤其要注意这一点。

第五，插花的颜色应与家居物品、家居空间环境的主色调、点缀色保持统一，以使家居空间更温馨、和谐。

以黄色为主色调的插花可与黄色抱枕、黄色窗帘形成空间呼应

第六，插花所传递的意境、花语、格调等应与家居物品、家居空间环境的风格统一，起到强化装饰的作用。

第七，插花为家居生活增添自然之趣、生活之趣，是主人热爱生活的表现，因此插花的造型、色彩、体量等要素要充分考虑家具（地板、壁纸等）的大小、配色，更重要的是要符合主人的年龄、性格特点、空间审美等。如卧室的插花应让人感觉到清新、温馨、放松，而不应选择过于华丽、烦琐的造型。

清新亮丽的鲜花令卧室尽显典雅高贵

 花束与捧花制作

一束美丽的鲜花或捧花，能传递亲朋之间的美好祝愿，也能衬托家居环境和个人的形象气质。鲜花能让平淡的生活变得充满朝气，也能让喜庆的日子更加充满希望。

🌱 花束的制作 🌱

在制作花束与捧花前，应先准备好用于制作花束和捧花的材料，如花枝、花插、铁丝、丝带、包装纸、剪刀、胶带、卡片等。所需花材和工具准备妥当后就可以着手制作花束了。

根据花束的呈现方式，花束大致有单面花束和四面花束两种，其制作流程具体如下。

在制作单面花束时，只需让花束一面向外展示即可，整个花束在

单面郁金香花束的制作

外观上呈倒三角形，这种花束的制作比较简单。首先，选取一枝或几枝花枝作主花，将其置于中央或错落有致地摆放在花束的焦点位置，握在手中或放在台上（方便搭配和包装）；其次，在主花两侧加入团块状花朵，调整花朵至最佳位置和高度；再次，为花束添加枝叶、玩偶装饰，使花束更加饱满和富有层次感，之后将花束扎紧、剪除多余枝叶；最后，包装花束，包装纸可单层或多层叠放（内层保湿），从花束下方往上折，左右两边向中心折，再于花梗握把的位置扎紧并装饰蝴蝶结丝带即可。

四面花束多呈半球形、倒圆锥形。具体制作方法为：首先，处理花枝的残叶、花刺，挑选合适的花枝，将花材整理出初步的形状，使之错落有致；其次，大拇指与中指轻轻环握花材（捆绑点位置），调整花材，第一枝与第二枝交叉，第三枝与第二枝交叉，第四枝与第三枝交叉，以此类推，使所有花枝呈螺旋状；再次，扎紧手握处，剪除多余枝叶，修整底部，视情况添加绿叶或其他装饰物；最后，将长方形包装纸对角折，包裹在花束四周，包装纸可叠加多层，再选一张包装纸从下向上将花枝底部承托包裹，系上丝带，绑成蝴蝶结，调整包装纸至最佳状态。

四面花束

捧花的制作

捧花一般是婚礼中新娘手中的装饰，应与新娘的服饰、妆容、脸型、体型、气质相衬，不宜夸张、怪异，应传递温馨、幸福之感。

捧花的造型有球形捧花、握式捧花、瀑布式捧花、弯月形捧花、环形捧花等，不同形状的捧花适合的气质不同。例如，球形捧花小巧可爱，适合甜美、活泼、着蓬蓬裙婚纱的新娘；握式捧花简约高贵，适合气质佳、对花材品质要求高、着素雅风格婚纱的新娘；瀑布式捧花灵动流畅，适合体型修长和穿长摆婚纱的新娘。

捧花的制作方法与花束的制作方法基本相同，可参考花束的制作方法，这里不再赘述。需要特别注意的是，在制作过程中应注意以下几个方面的问题。

第一，在花材选择上，应挑选表达爱意的花，如玫瑰、百合、满天星、蝴蝶兰等。

第二，捧花应与新娘的服饰协调搭配，通常新娘着白色婚纱较多，因此选用红色、粉色、白色的花材制作捧花是比较合适的。

第三，制作捧花时，捧花的体量不宜过大，通常也不需要太多层、太华丽的包装纸，甚至可不用包装纸，精致轻巧的捧花比较受欢迎。

球形捧花

握式捧花

瀑布式捧花

第五章

盆景装饰，纵享高雅志趣

盆景艺术作为中国传统艺术的一种，取材于自然，又高于自然，具有深刻的文化内涵。

盆景历史悠久、种类多样、题材丰富，在盆钵之中展现山水风光，体现自然之美。盆景不仅能够绿化空间，还能够彰显格调。欣赏盆景，能够陶冶情操，提高人们的审美水平。

 盆景常见分类

　　盆景是将植物栽种在盆中而构成的景致，是中国的传统艺术形式之一，也是园艺的一种。树木盆景和山水盆景是盆景中最常见的两大类，另外还有一些其他类型。

🌱 树木盆景 🌱

　　树木盆景是盆景中最为常见的一种。树木盆景以树桩作景，因此也被称为桩景。树木盆景主要欣赏树桩的姿态。树桩或挺拔苍翠，或蜿蜒曲折，各有意趣。

　　树木盆景多用松柏类树木为制作材料，如银杉、黑松、金钱松等。这类树木古朴苍劲，寓意美好，很适合做盆景。

　　制作盆景的树木可以采用野生树木，也可以选用人工栽培树木。

松树盆景

野生树木形态自然，虬曲多姿。但想要寻找到适合做盆景的野生树木难度较大，挖掘野生树木还可能造成水土流失，因此野生树木盆景的数量较少，大部分树木盆景都是人工栽培的。

栽培树木盆景需要经过攀扎、修剪、整形等过程。根据树桩的不同形态，树木盆景可分为直干式、斜干式、卧干式等不同类型。园艺师以高超的技艺使树桩呈现不同的形态，形成不同的立意，以满足人们的审美需求。

直干式盆景

斜干式盆景

卧干式盆景

山水盆景

　　山水盆景以山石为主体，在山石周围点缀花草，形成一定的景致。山水盆景是将山光水色浓缩在盆中的艺术，盆中山清水秀，景外意蕴悠长。

　　山石是制作山水盆景的主要材料，山石的纹路、颜色、形状等会影响景致的呈现，人们需要根据构景的需要，选择适合的山石。

　　制作山水盆景的山石大致可分为松质山石和硬质山石两大类。松质山石易于雕琢，可以在原有山石的基础上进行创作，雕刻出山峰、洞穴，适合制作小巧精致的盆景。而且松质山石吸水能力较强，可以在山石上栽种草木，营造青山绿水之景。砂积石、浮石、钟乳石等都

山水盆景

是常见的松质山石。

　　硬质山石更为坚固，不易损毁，形态自然，可以展现山峰的嶙峋与高耸。常见的硬质山石有英德石、灵璧石、蜡石等，这些山石色彩丰富，纹理自然，能够彰显大自然的鬼斧神工。

　　根据山石的不同形态，山水盆景又可分为立山、斜山、横山等不同的形式。不同形态的山石放在浅水之中，加上树、桥、塔等不同的配件，能够形成不同的景色。或是小桥流水，或是悬崖峭壁，放在房中能够营构出不同的氛围感。

险峻的山水盆景

其他盆景

　　盆景发展历史悠久，种类多样。除了树木盆景和山水盆景外，盆景中还有果树盆景、微型盆景、挂壁盆景等多个类型。

　　果树盆景是将石榴、金橘等果树进行培育和修剪而构成的新型盆景。果树盆景既有树木的古朴苍劲，也有花果的亮丽色彩，观赏价值很高。

　　微型盆景同样是新型盆景的一种。微型盆景在景观设计上与一般盆景相似，既可以是山川草木，也可以是多彩花卉，丰富多样。微型盆景体积小，可以放置在书桌上作装饰，轻巧精致。

　　悬挂于墙面上的盆景称为挂壁盆景。挂壁盆景类似壁画，是一种新型的盆景艺术。挂壁盆景有山水风光，也有古朴树木，将盆景与家居装饰巧妙结合，成为家中的风景点缀。

果树盆景

微型盆景

园艺百科

盆钵的选择

在制作盆景前，先要学会根据盆景的不同特点，选择适合的盆钵。

根据材质的不同，盆钵可分为紫砂盆、瓷盆、石盆等。紫砂盆以陶土为原料，透气性好，吸水性强，古朴典雅，常用于小型山水盆景的制作。瓷盆坚硬，精致美观，但透气性较差，一般作套盆使用。石盆大多颜色淡雅，浅口石盆常用于大型山水盆景的制作。

此外，根据形状以及深浅的不同，盆钵可分为圆形盆、方形盆、扇形盆、深口盆和浅口盆等。具体可以根据盆景的特点，选出最适合的盆钵，进而更好地展现盆景之美。

# 树石盆景的制作

树石盆景以树木为主体，在树木周围放置山石，构造不同的景致。树石盆景通过高低错落的山石和山间树木来表现自然之美，既有野趣，又不失雅致。

树石盆景可分为旱类盆景、水旱类盆景和附石盆景三种。旱类盆景是最常见的种类，盆中有山峰、土坡、树林等景物。水旱类盆景是在盆中注水，将山石、树木置于水中，模仿山水景色。附石盆景是将树木种植在山石之上，构建山间草木的景色。

在制作自然而有意境的树石盆景前需要先构图。树木与山石的数量、种类都需要通过构图确定下来。然后根据构图的需要进行选材，让山石与树木自然相融，保证构图的协调，使景色自然呈现。

选材结束后，就要对山石和树木进行加工。山石要进行雕琢和拼接，从而形成一个整体。再对树木进行攀扎和修剪，将其小心栽种到盆中，与山石构成和谐的风景。如果树木数量较多，要注意树木的摆

旱类树石盆景

水旱类树石盆景

放位置，使其呈现自然生长的协调感。

　　根据构景的需要选择合适的盆钵是制作树石盆景的关键。浅底盆口径大，有更大的空间用于布景。而且，浅底盆边缘较低，更适合盆中景色的展示。

附石盆景

树石盆景的养护

做好树石盆景的养护工作，是让植物繁茂生长、让盆景长久留存的关键。

首先，要时常补充水分。树石盆景多用浅口盆，土质稀薄，水的储存能力较差，因此在养护树石盆景时要注意水分的补充。而在浇水时，还要注意对土壤的保护。水量不能过大，否则容易将稀薄土层冲刷掉，不利于植物的长久生长。

其次，要注意对树木的修剪，让树木保持特定的形态，保持盆景的美感。要对树木中的交叉枝叶和枯枝败叶进行修剪，这样才能让新芽向上生长。

最后，要防治病虫害，及时喷洒杀虫药水，以免盆景被害虫破坏。药水的喷洒不宜过勤，两个月左右为佳，不然可能抑制植物的生长。

 # 如何欣赏树石盆景

树石盆景是以树石结合的方式来表现自然风物，其中蕴含着独特的人文气息，具有极高的艺术价值和观赏价值。因此，树石盆景的欣赏是对自然的解读，也是对传统文化的传承。

树石盆景的欣赏主要从自然和人文两方面入手，一方面是树石盆景的形态表现，另一方面是盆景的立意和情感表达。

树石形态

中国的树石盆景具有悠久的历史，最早的树石盆景可追溯至唐朝。漫长的历史发展使得树石盆景姿态多样、类型丰富，具有多种艺术表现形式。

树木与山石的协调布局是树石盆景成景的关键，树木与山石的比

例不同能够构成不同的风景。

　　树木与山石的分布往往疏密有致，能够体现自然的和谐之美。树石盆景或以山石为主，体现石壁的高耸，展现山势险峻、壁立千仞的奇景；或以树木为主，体现树的苍劲，展现古木参天、枝繁叶茂的自然生机，各有特点，造型多样。

树姿优美、山势险峻的盆景

深远意蕴

树石盆景的景致创作来源于自然风光，创作者在创作过程中加入自己的理解和情感，使之成为具有深刻意义的艺术作品，因此在树石盆景中蕴含着深厚的人文内涵。

中国的绘画、诗词等艺术为树石盆景的创作提供了丰富的素材，使得树石盆景呈现出古朴悠远的风格特点，再加入创作者的想象，达

富有诗意的盆景

到了情景交融的艺术境界。

比如，树石盆景《唐曲·桃花潭吟》的创作灵感来自李白的《赠汪伦》。盆景以整块山石为底，形成一个小岛，岛上一棵参天古树，郁郁葱葱。盆钵底部有一层薄薄的积水，形成湖面，湖中放置小舟，一个水旱类树石盆景就形成了。古树参天，小舟悠悠飘荡于湖中，让人不禁想到诗中的那句"桃花潭水深千尺，不及汪伦送我情"。

将诗句融入盆景之中是树石盆景常用的创作方法，这样盆景不仅能体现自然景色，还具有深刻的文化内涵，极具艺术表现力。

丰富多变的植物组合盆栽

组合盆栽是花卉艺术的一种，它主要是将多种植物种植在同一盆中使之和谐生长。

组合盆栽中同时栽种多种植物，植物的生长条件、颜色搭配、形态展现等都是栽种组合盆栽需要考虑的条件。

植物的生长习性是需要重点考虑的因素。不同植物对土壤、光照、水的要求不同，最好选择具有相近的生长习性的植物栽种在同一盆中。比如，三色堇、雏菊、紫罗兰等花卉都是耐寒、喜光的植物，可以栽种在一起。这些花卉大小接近，颜色鲜艳，气味芬芳，栽种在一起更能体现花卉之美。

有多种颜色的同一种植物最适合制作组合盆栽。比如，多肉、菊花、风信子等花卉，颜色丰富，种植在同一盆中，既能体现组合盆栽的繁复特点，又因为是同一种植物而更好养护。

此外，植物的生长方向也是栽种组合盆栽时需要考虑的因素。有些植物如球兰、铜钱草、绿萝等枝叶可向下垂吊生长，而大多植物则是向上生长的。将生长方向不同的植物栽种在同一盆中，能够形成错落有致的景致，给人以美的观感体验。

　　和谐的颜色搭配是组合盆栽展现美的必要条件。盆中植物颜色不宜过多，三到五种最为合适。相近色系的颜色搭配能够彰显和谐之美，而对比色系则让盆栽拥有强烈的视觉冲击力，更显个性。

　　组合盆栽可大可小，大型组合盆栽可用作园艺装饰，小型盆栽则如同小型花卉，可放置在室内用作装点。有些小型盆栽还可以放在书桌、茶几等家具上，为家居环境增添亮色。

多肉组合盆栽

风信子组合盆栽

向上生长的兰花与向下生长的
绿植组成错落有致的盆栽景观

颜色和谐的组合盆栽

颜色对比强烈的组合盆栽

 # 玻璃瓶微景观的制作与装饰

玻璃瓶微景观是一种特殊的盆景装饰，是一种将植物装在玻璃瓶里的装饰景观。玻璃瓶微景观大多小巧精致，能够呈现植物的生机之美，点缀家居空间，增添生活趣味。

玻璃瓶微景观

放置在玻璃瓶中的植物大多为小型植物，如多肉、仙人掌等。一些小型水培植物，如红掌、绿萝、文竹等也可以种植在玻璃瓶中。

　　苔藓类植物形体小，种类多样，喜欢潮湿阴暗的环境，对环境的适应性强，能够适应玻璃瓶的生长环境。而且苔藓类植物常年保持绿色，更适合生活忙碌的人们进行种植。

　　松叶、紫萁等蕨类植物品种丰富，能够适应湿热环境，养护方便，同样适合养在玻璃瓶中。

　　在玻璃瓶中种植植物和在普通盆钵中并无太大差别，但要注重瓶中的小气候形成。玻璃瓶中的植物可以自主呼吸，形成一定的生长环境。但在种植过程中，要特别注意玻璃瓶中的通风和光照情况，让植物能够在微型空间中自然生长。

玻璃瓶中的"小森林"

富有创意的玻璃瓶微景观

第六章

园艺摄影，定格植物的美

热爱园艺种植的人总是喜欢记录不同植物生长的习性、适合的土壤、花期等，以便更好地照料植物和花卉，也总是会忍不住随时举起手机或相机记录下植物和花卉美丽动人的样子。

　　为喜爱的植物拍照片或视频，可随时随地记录、重温自己在园艺种植过程中收获的感动和惊喜瞬间，实在是一件令人欣喜的事情。

 园艺摄影，定格美好

园艺摄影（这里指家庭园艺摄影），是摄影的一种，拍摄的对象主要为在家庭环境中种植的观赏植物、果树、蔬菜和园艺场景等，通过镜头去呈现一个清新、纯真的自然世界。

家庭园艺摄影是一种非常健康和积极的爱好，对家庭园艺种植者、养护者而言，这项爱好能给他们带来诸多有益和有趣的体验。

首先，通过园艺摄影，可以定格家庭园艺中各类植物的生长瞬间、记录其生长过程，这在未来将会是非常珍贵美好的回忆。

其次，借助园艺摄影，有助于家庭园艺种植者或养护者及时发现植物生长过程中的不寻常之处，对植物病虫害的预防、发现，以及事后复盘，能提供有效的参考和帮助。

最后，园艺摄影是一门艺术，能提高园艺种植者与养护者的审美品位，能让园艺种植者与养护者更多角度地发现植物的美、自然的美和生活的美。

养护
妙招

如何改善花色

很多人在给家中花卉摄影时，总是会发现花的颜色不够鲜亮，需要后期加上滤镜，但又担心画面失真。了解以下养护技巧，可以种出花色鲜艳的花卉。

首先，花色受其本身遗传因素的影响，园艺花卉中大多数花的颜色都是由花本身的花青素含量所决定的，花青素含量越高，花色越鲜艳。在挑选花卉种子时，可选择花色鲜艳的品种。

其次，温差会影响花色，温差大，花色艳，温差小，花色淡。在露台上种植的花卉通常比在室内种植的花卉开出的花朵颜色更鲜艳。在不影响花卉生长的条件下，可以将花卉放置在温差比较大的地方。

再次，定期定量给足花卉养分，足够的养分能让花蕾快速膨大、花色鲜艳。

最后，调节土壤酸碱度。通常，微酸性的土壤会让植物的细胞液酸碱度和花青素含量保持稳定，也让花色保持稳定不变色。

 构图方法

好的摄影构图可以让摄影画面更和谐，因此在拍摄花卉和绿植时应该遵循一些基本的构图法则与方法。

画面整体构图

在拿起手机或相机对准要拍摄的花卉与绿植之前，应该想清楚照片或视频画面是横构图还是竖构图，这将影响整个画面的观感和后续修图、剪辑以及画面内部构图。

横构图，照片或视频的画幅较宽，有助于展示主体物左右以及周边的环境，如一排植物幼苗、一片花园等。

竖构图，侧重于展示主体物纵向的景致，如一株高高挺立的水仙、一棵悬挂在墙壁上枝叶悬垂的吊兰、从花洒中滴落到鲜花上的水

珠等。

当然，除了横构图与竖构图，还有方形构图，具体构图方式可以在拍摄前确定，也可以在后期编辑照片或视频时根据需要对画面进行剪裁。

竖构图

横构图

画面内部构图

　　照片或视频画面的内部构图方法丰富多样，不同的构图方法可以很好地突出主体物，让图片或视频画面更和谐。

◆ 几何构图法

　　几何构图法是一种常见的摄影构图法，通过整个画面中的主体物和其他物体的角度调整，让画面中的各物体呈现出一定的几何图形排列，进而达到聚焦主体物、表现物体关系、调整画面比例的目的。

　　园艺摄影中常见的几何构图法主要有以下几种。

　　（1）圆形构图。圆形构图是将整个画面看成一个圆，主体物位于圆心的位置。圆形的主体物适合通过圆形构图法来拍摄，特殊造型的中式古典盆栽也适合用圆形构图法拍摄。

　　（2）三角形（包括正三角形和倒三角形）构图。三角形构图是将画面中不同物体排列组合为三角形，或对本身为三角形的物体进行放大拍摄的构图方法。画面中的三角形可以是等边三角形，也可以是不规则的三角形。

　　（3）十字形构图。十字形构图，画面中的物体呈"十"字形排列，整个画面给人以平稳之感。十字可居中，也可置于画面一侧。

　　（4）水平线构图。画面中的所有物体呈一条横线排列即为水平线构图，也称一字形构图。

　　（5）对角线构图。在画面中，物体分布在画面对角线上或对角线附近，这样的构图具有立体感和运动感。

圆形构图

三角形构图

水平线构图

十字形构图

（6）对称构图。对称美是一种普遍的审美，对称的方式是多元化的，如轴对称、对角对称、中心对称、左右或上下对称等。对称构图给人一种平稳的美感。

除了上述常见构图，还有垂直构图、黄金构图、九宫格构图、棋盘格构图、S形构图、C形构图等，园艺摄影爱好者可以在实践中不断摸索和尝试。

对角线构图

对称构图

园艺百科

植物的叶子为什么会对称生长

虽然植物的叶子并不呈现出绝对的对称，但基本上符合对称生长的规律，以叶柄及其延伸线为中线，叶子的叶脉、叶片基本上是左右对称分布的。

植物叶子的对称生长并非偶然，其主要是为了平衡重量、有效利用生长空间，这是植物亿万年来不断进化的结果。实际上地球上很多动植物身上都存在对称，如对生的花瓣、动物肢体和五官的左右对称等。

◆ 封闭式与开放式构图

封闭式构图适用于园艺植物的全景拍摄，往往会在画面中全面展示整个主体物或主体场景。看照片或视频的人能通过观看画面了解主体物或主体场景的全貌。

开放式构图重在展示主体物或主体场景的局部内容，画面具有外延性、非完整性、非均衡性。开放式构图一方面可以强化画面细节、提升画面的视觉冲击力，另一方面可以引导观看者发挥想象力去补全画面显示不完整的部分，让画面更有延伸感和意境美。

封闭式构图

开放式构图

◆ 极简构图与留白

极简构图与留白是现代人比较崇尚的一种构图方法，通过为画面中的事物做减法、删掉或弱化画面中非主体物体的方法让画面更加干净整洁，富有视觉冲击力、艺术想象力。

在拍摄枝干、叶子、花苞、花朵时，可以大胆使用这种构图方法，让所拍摄的绿植或花卉更具美感和想象空间。

 光线与角度

园艺摄影效果受拍摄时的光线和拍摄角度的影响，有时面对同一株绿植或花卉，在不同光线或角度下拍摄，可能收获完全不同的画面效果。

拍摄光线

当用手机或相机对准某一个园艺植物或场景时，透过镜头向外看，光线的来源不同，镜头视角不同，拍摄的画面明暗度、主体物或主体场景的清晰度、画面质感等都会发生变化。

以种在盆中的绿植为参照物，相机镜头放在绿植与花盆接触的水平面上，绿植和相机位置均保持不变，在此基础上，从绿植顶部投下来的光为顶光，从花盆底部向上投射的光为底光，从相机镜头方向射

出去的光为顺光，与相机镜头相反方向投射向绿植的光为逆光，与相机镜头所在水平面上各方向向绿植投射的光统称为侧光。

　　一般来说，顺光拍摄，画面鲜亮，逆光拍摄画面昏暗。侧光拍摄，主体物和主体场景会有清晰的明暗面、立体感较强。为了更好地给植物留影，在拍摄时可通过补充光源、调光圈、调机位等来调整画面，以达到景物清晰、景深得当、虚实和谐等目的。

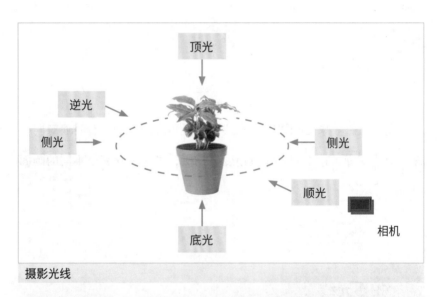

摄影光线

顶光＋侧光拍摄效果

暗背景＋曝光补偿拍摄效果

拍摄角度

拍摄角度包括拍摄的高度、方向、距离三个方面。

从拍摄高度来说，以盆中绿植为参照物，绿植位置保持不变，相机从绿植的顶部从上向下拍为俯摄，相机从花盆的底部从下向上拍为仰摄，相机与绿植处于同一水平线为平摄（包括正面拍摄、侧面拍摄、斜面拍摄）。

从拍摄方向来说，以拍摄对象为参照物，相机可以从正面、斜侧、侧面、反侧、背面进行拍摄。一般来说，对人和建筑物等的拍摄角度有正面和背面之分，植物则没有。

从拍摄距离来说，相机与植物的距离远近一般决定了植物在画面中的大小，基本上符合"远小近大"的规律。

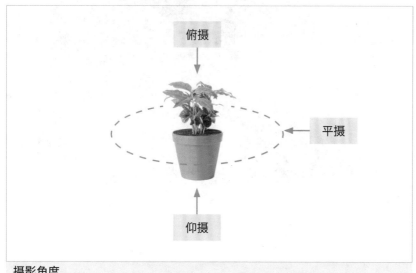

摄影角度

俯摄

平摄

园艺视频拍摄与 vlog 制作

如果说园艺植物照片是静态的美，那么园艺视频与 vlog 则是动态的美。对园艺种植者与养护者而言，为植物拍摄视频或 vlog 是一种非常不错的休闲与时尚生活方式。

园艺视频拍摄

◆ 摄影设备选择

可用于园艺摄影的设备大致有三类：手机、相机、摄像机。

一般的智能手机都具备照相和录像功能，支持参数设置，包括光圈、感光度、曝光补偿、白平衡等。

相机和专业摄影机的镜头比手机摄像头分辨率更高，拍摄出来的画面会更清晰，当然价格也更高。相机与摄影机相比，前者的镜头焦段短，后者的镜头可涵盖广角、中焦和长焦，适用场景更广泛。

　　拍摄者可以结合自己的拍摄需求和拍摄投入预算来选择适合自己的摄影设备。

◆ 摄影技巧

　　掌握一定的视频拍摄技巧，能让记录下来的植物画面更清晰、更全面、更丰富。视频摄影技巧有很多，需要拍摄者不断去学习、实践，这里重点讲解以下几种摄影技巧。

　　（1）延时拍摄。延时拍摄在园艺摄影中应用广泛，一些园艺爱好者会将种子从发芽到生长成熟的过程、花朵绽放的全过程等拍摄记录

用延时拍摄记录种子发芽、扎根的过程

下来。当几个小时、几天或几十天甚至上百天的变化过程浓缩到一个几秒或几分钟的视频中时，会带给人非常震撼的视觉和心灵感受。

很多摄影软件和设备自带延时拍摄功能，只需找到延时拍摄模式，按下快门，等拍摄的素材积累够以后，再按下快门结束拍摄即可，拍摄的素材会自动保存到设备内存卡（或外接设备）中。

在进行延时摄影时，有两点要特别注意：一是要锁定对焦，让镜头始终能清晰拍摄主体物；二是要保持器械稳定，避免画面晃动。

（2）慢镜头拍摄。慢镜头，又称升格镜头，与延时摄影后的快速播放相对，是对真实画面的慢动作处理。在记录嫩芽或枝叶被微风吹动时、花洒中的水滴落到花枝上时，都可以用慢镜头来展现美好的画面。

慢镜头记录微风下的花枝舞动

慢镜头需要采用更高的帧率来完成拍摄，这样在后期需要调整出比真实画面"更慢"的变化时，才能确保画面始终是清晰、对焦的。

在拍摄慢镜头时，需要特别注意以下两点：第一，一定要关闭镜头防抖功能，以免影响画质；第二，慢镜头拍摄往往会有杂光进入目镜，进而导致画面曝光变形，此时尽量避免人工光源，同时可以使用目镜遮挡片遮挡目镜。

（3）运镜。在拍摄人与园艺的互动或园艺场景的过程中，不同运镜技巧的使用能让画面效果更加惊艳。

运镜，即运动镜头，常见运镜手法有推、拉、摇、移、跟、升、降等。运镜过程中，注意避免画面抖动、模糊，这需要拍摄者反复练习，如此才能熟练掌握各种运镜手法，拍摄出自己需要的画面。

园艺vlog制作

vlog，全称 Video blog 或 Video log，是博客的一种类型，是用视频的方式代替文字在网络上记录、分享日常生活。从事 vlog 制作的人被称为 vlogger。

与当前流行的短视频相比，vlog 的视频时长稍长，几分钟到几十分钟不等。一个成熟的 vlog 的诞生包含拍摄与创作两个过程。vlog 的制作素材来自手机或相机拍摄的视频与照片，vlogger 需要对已有视频照片素材进行整理、剪辑和编排，并根据需要添加字幕、解说、音乐、特效等，以提高 vlog 的质量。

　　目前，可供 vlogger 选择的可以用于 vlog 素材剪辑和编排的软件有很多，如剪映、必剪、不咕剪辑、Filmorago、bigshot、万兴喵影、Premiere 等。vlogger 可根据自身喜好或操作需求选择其中的一款或几款软件对 vlog 素材进行加工、处理，进而制作出自己满意的 vlog。

vlog 剪辑制作示意图

第七章

家庭园艺实用养护技巧

进行园艺活动时可能会遇到各种各样的养护问题，如使用过一段时间的土壤失去肥力，植物长大后需要换盆，枝叶过密需要修剪，植物遭遇病虫害等。

　　掌握实用的养护技巧能够让你轻松处理种植过程中面临的各种问题，让植物生长更旺盛。

土壤改良

大部分植物的生长都离不开土壤，土壤不仅能够固定植株，还能为植物的生长提供必需的水、微量元素和各种营养物质。土壤是植物生长的载体，是植物生长不可或缺的元素之一。

认识各种各样的土壤

不同的植物需要不同的土壤，这与植物原本的生活环境有关，比如仙人掌原本生活在半沙漠地带，所以喜欢排水性好的沙土。依据植物的特性为植物配置合适的土壤是园艺种植的基础，而在配置土壤之前，首先要认识各种各样的土壤。土壤大体可分为以下几种。

◆ 沙土

沙土中细土含量相对较少，包含大量沙粒，土质松散。沙粒颗粒相对较大，较大的颗粒导致沙粒与沙粒之间包含较大的空隙，使得沙土的排水性非常好，但同时土壤里的营养物质也更容易流失，因此沙土的保肥性差。除了种植多肉或仙人掌等植物，通常不使用沙土作为种植土壤，但沙土可以作为改良土壤使用。

◆ 黏土

黏土中包含大量细土，细土的颗粒较小，颗粒之间的空隙也相对较小，紧密的颗粒使得黏土的保湿性很好，保肥性强，但排水性较差。使用黏土进行盆栽容易导致植物烂根，因此通常不单独使用。

◆ 壤土

壤土中包含沙土、黏土以及淤泥，它由黏粒、粉粒和沙粒构成，且三者含量适中。壤土集合了沙土排水性好以及黏土保肥性好的优点，松而不散，黏而不硬，适宜种植大部分园艺植物。

沙土（左）、黏土（中）与壤土（右）

土壤如何改良

当土壤不适合种植植物时，可以通过对土壤进行改良，使土壤变得有营养、适合植物生长。针对不同类型的土壤，其改良方式有所不同。

◆ 沙土改良

沙土排水性好，但肥力小，因此使用沙土进行种植时，可以在沙土中加入一些淤泥。淤泥中包含很多植物生长所需要的营养物质，淤泥与沙土混合后，不仅能提高土壤肥力，还能增强土壤的保湿性。为沙土添加肥料时，适宜添加磷肥和含有微量元素的肥料。

◆ 黏土改良

黏土保湿性好，但排水性差，适合种植水生植物，如碗莲等，当种植其他植物时，则容易烂根。因此，种植非水生植物时需要在黏土中加入一部分沙土以增强土壤的透气性和排水性，并添加有机肥料增强土壤肥力。

◆ 对用过的土进行改良

使用过的土壤再次利用前需要先进行处理，具体步骤为：先用筛子清理土壤中残存的根系，然后将土装入塑料袋中封口暴晒两三天，接着把土从塑料袋中取出再暴晒两三天，两次暴晒可以杀死土壤中的细菌和虫卵、去除土壤的水分，最后装入袋中备用。当再次使用时，可以混合土壤改良剂或部分新土以及肥料等。

养护
妙招

改变土壤的酸碱度

有些植物喜欢酸性的土壤（如山茶花、茉莉花等），而有些植物喜欢中性或碱性的土壤（如仙人掌、枸杞等喜欢碱性土壤），因此在进行种植时，要根据植物的特点配置酸碱度合适的土壤。那么，如何改变土壤的酸碱度呢？可以参考下列方法来改变土壤的酸碱度。

（1）平时可以将吃剩的果皮洗干净后收集起来，加入清水放在阳光下发酵，等到水质变黄后即发酵完成，兑入清水即可浇灌土壤，使用果汁水浇灌不仅能增强土壤酸性，还可增强土壤肥力。

（2）将食醋与清水混合后喷洒在土壤表面，可以增强土壤酸性。

（3）在土壤中加入一些酸性腐殖质，如一些残枝叶，可以增强土壤酸性。

（4）想要配置碱性土壤，可以用稀释后的石灰水浇灌土壤，或在土壤中混合草木灰、碳酸钙等。

换盆

换盆是指将植物从旧盆中移植到新盆中，适时为植物换盆能够让植物保持良好的长势。但是换盆不当也可能会造成植物死亡，因此换盆时也要注意一些事项。

换盆的时机

当植物逐渐长大，植物的根系变得更加庞大，原有的旧盆如果太小就无法为植物提供必需的营养，并且会阻碍根系的生长。

同时，当植物在盆中培养时间过长时，长期浇水或施肥，容易导致盆中的土壤板结而使土质变差。

因此，在进行家庭园艺时，要经常关注植物的生长状况，当出现以下一些情况时，应适时为植物换盆，从而让植物一直保持良好的长势。

精致园艺：家庭园艺装饰与养护

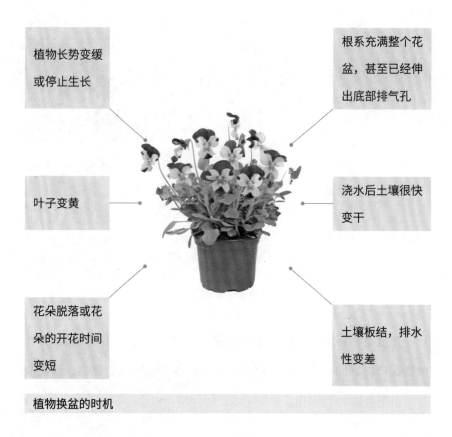

植物长势变缓或停止生长

根系充满整个花盆，甚至已经伸出底部排气孔

叶子变黄

浇水后土壤很快变干

花朵脱落或花朵的开花时间变短

土壤板结，排水性变差

植物换盆的时机

　　需要注意的是，在对植物进行换盆时，要选择合适的季节。冬季气温较低，大多植物进入休眠状态，生长速度放缓，此时换盆会伤害植物的根系，植物无法快速恢复，很可能会造成植物死亡。夏季气温较高，高温容易滋生细菌，不利于植物根系的恢复，因此也不适合换盆。

　　春、秋两季温度适宜，且家庭通风效果好，利于植物根系恢复、生长，因此春、秋是最适宜换盆的季节。但应注意的是，换盆应避开植物的开花、结果期，否则会对植物的生长造成影响。

 换盆的步骤

换盆时通常遵循以下基本步骤。

第一，准备好换盆时需要的一些工具。

提前准备好手套、纱布、培养土、肥料、新盆以及必要的盆镐等。如果准备的花盆是陶制新盆，需要提前将新盆泡透水，如果是旧盆，则做好消毒处理。

第二，将植物从旧盆中连根带土一起取出。

想要顺利地让植物脱盆，需要在换盆前停止浇水 2~3 天，让盆土变得干燥，然后将花盆倾倒，一边握住植物，一边轻敲盆底和盆壁，这样就可以轻松让土壤与花盆分离，从而取出植物和土团。

换盆时将植物连根带土一起取出

第三，对植物进行处理。

观察植物的根部，去除烂根、老根和一些死根，并去除三分之一到二分之一的旧土壤。

第四，将植物换入新盆。

首先，在花盆底部排水口处铺上纱布，防止土壤从底部漏出。如果盆体较深，可以在底部放入一层钵底石或陶粒，以增强排水性，防止植物烂根。其次，在盆中加入一层营养土，撒上一层有机肥作基肥，再铺上一层营养土至花盆约三分之一处。再次，将植株放进花盆，让根系自然舒展，并且远离肥料，以免伤根。最后，让植株挺立新盆中央，周围填入营养土并压实将植株固定。

第五，为植物浇水。

换盆后，要为植物浇水。第一次浇水要浇透，以排水孔中有水流出为宜。刚换盆的植物不可置于太阳底下，要将植物放置在阴凉通风处一周左右，以使其快速恢复生长。一周后，植物可以正常接受光照。

 # 水培注意事项

　　一些植物喜水，可以直接通过水培进行栽植，常见的水培植物有绿萝、铜钱草、富贵竹、白掌等。水培植物不使用或很少使用土壤，通常使用玻璃或陶瓷容器。精美的容器搭配漂亮的装饰，摆放在桌面上赏心悦目，因此深受人们喜爱。

水培水仙

水培植物的装饰及固定

　　水培植物如果装饰得当，能够呈现出很好的视觉效果。水培植物的装饰除了造型各异的容器外，还有很多可以用来填充、固定植物的装饰材料，如水凝胶球、玻璃球、鹅卵石、陶粒等。

造型各异、五彩缤纷的花瓶让植物看起来更美观

五颜六色的水凝胶球或玻璃球既可起装饰作用，又可固定植物

光滑的鹅卵石同样可以起到装饰和固定植物的作用

水培植物的装饰与固定

水培植物的养护要点

◆ 水培植物的施肥方式

市面上有多种适合水培植物的营养液，根据植物品种的不同，选择合适的营养液即可。需要注意的是，营养液需要按比例稀释后再使用，植物在遭受病虫害期间要停止使用营养液。

植物在不同阶段施肥方式不同，在生长期要增加施肥频率，在开花期要多施磷肥和钾肥，休眠期要停止施肥。

◆ 水培植物的换水方式

水培植物中的水要定期更换，否则时间长了以后会滋生细菌，发黄发臭。

夏季，天气炎热，水变质快，四五天就需要换水；春秋季节可以适当延长换水时间，一周换一次即可；冬季气温降低，且大部分植物进入休眠状态，可以半个月至一个月换一次水。如果植物遭受了病虫害，可以适当增加换水频率。

换水时，要清洗植物的根系、容器、用于固定植株的陶粒等，同时剪除一些老根和烂根，并擦拭植物叶片上的灰尘。

枝叶修剪

俗话说，花木要"七分管，三分剪"，经常为植物修剪枝叶有诸多好处。修剪产生了病虫害的枝叶，能够防止病虫害进一步扩大到其他枝叶上，修剪老化的枝叶和开败的花朵，可以避免不必要的养分消耗，可见枝叶修剪十分重要。

多种修剪方法

修剪植物的目的不同，使用的修剪方法也不同，进行园艺活动时，要根据修剪的原因，采用不同的修剪策略。

短截

要点：剪掉枝条前端的四分之
　　　一到三分之一

目的：阻止枝条伸长，萌发新芽，
　　　让植物多开花、多结果

疏剪

要点：靠基部修剪，不留残桩，主
　　　要修剪层叠枝、内向枝、徒
　　　长枝

目的：让植株的枝条变得疏离，增
　　　强通风，使株型更美观

摘心

要点：摘去梢端顶芽

目的：去除顶端优势，促使腋
　　　芽萌发，抑制枝条徒长，
　　　促进形成多分枝

疏花（疏果）

要点：对过密的花（果）进行
　　　疏剪

目的：保证开花效果和果实的
　　　质量

抹芽

要点：抹去腋芽、嫩枝

目的：节省养分以使主干枝条
　　　营养丰富

多种修剪方法

修剪注意事项

不当的修剪不仅无法让植物更好地生长，还可能对植物造成严重伤害，因此在修剪时要注意以下几点。

◆ 对修剪工具进行预处理

枝叶修剪通常使用剪刀、刀子等工具，修剪时修剪工具会直接接触植物的茎和枝叶，因此要对修剪工具进行消毒，以免工具上的细菌感染植物切口，导致植物生病。

此外，还要将修剪工具打磨锋利，这样可以让修剪的切口更加平齐，加快植物切口的愈合。

◆ 修剪枝叶要符合花木的分枝规律

不同的花木具有不同的分枝规律，分枝规律不同，使用的修剪策略也会有所不同。

其一，单轴分枝植物枝叶的修剪。

对于单轴分枝植物，主茎上的顶芽生长占据优势，因而整株植物会有明显、笔直的主干，即主轴。常见的单轴分枝植物有雪松、杨树、银杏，以及许多草本植物。

修剪这类植物的枝叶时，要注意保护主枝的先端优势，使其保持旺盛的生长态势，对强壮的侧枝，可以使用短截的修剪方法，避免形成双叉树形。

其二，合轴分枝植物枝叶的修剪。

合轴分枝植物的主干顶芽生长一段时间后，就会出现生长迟缓、死亡或分化为花芽的情况。与顶芽邻近的腋芽则会继续向上生长，发育为新枝。常见的合轴分枝植物有番茄、柑橘、枣树、苹果树等。

对于这类植物，可以采用主枝短截的方法，让植株萌生新芽，增加花枝数量，扩大树冠。需注意的是，在幼树期应培养骨干枝，使整棵树具有明显主干。

其三，假二叉分枝式植物枝叶的修剪。

假二叉分枝式植物是一种特殊的合轴分枝植物，这种植物往往具有对生叶，当顶芽停止生长或分化成花芽后，顶芽下方的侧芽开始生长，并发育成一对侧枝。泡桐、梓树、桂花等都是假二叉分枝式植物。

对于这类植物，可以在春季萌发新芽时，从接近顶端部分选择一个芽尖向上、长势良好的芽，对其进行抹芽修剪，再剪掉下面 4～5 对侧芽，这样可以使得植物从剪口芽处萌生新枝并向上生长，以此延伸主干。

其四，多歧分枝式植物枝叶的修剪。

多歧分枝式植物没有顶芽优势，若干侧芽会同时抽枝发育。夹竹桃、苦楝等都是多歧分枝式植物。

这类植物由于顶芽长势不强，因此修剪时采用"扶芽法"，培养长势良好的侧芽为主枝，修剪这类花木时要保持枝条之间疏密得当。

◆ 修剪枝叶后的处理

完成枝叶修剪后，植物既要修复，又要萌发新的枝叶，因此要适当补充一些肥料，可以将含氮量高的液体肥稀释后浇灌植物。

如果修剪的是树木，可以在切口处涂抹植物伤口愈合剂，愈合剂可以起到封闭伤口的作用，减少伤口的蒸发量，预防病虫害。

腐叶如何处理

植物在生长过程中，一些老叶逐渐干枯腐败，及时清理枯叶、腐叶可以减少植物对养料的消耗，让植物更好地生长。修剪掉的腐叶还可以收集起来制作营养丰富的腐叶土。

"自然堆放发酵"是常用的制作腐叶土的方法，可以利用院子中的空地，或使用专门的容器（如泡沫箱子等）来进行制作。具体制作方法如下。

首先，在容器底层铺一层用过的旧土，然后在上面铺上收集到的腐叶，接着再一层旧土、一层腐叶重复铺设，最后在顶部铺上旧土，并盖上塑料薄膜（薄膜上需用牙签戳一些洞）。如果腐叶比较干，可以在腐叶上淋一些水，这样可以加快发酵的速度。也可以在土壤中加入一些发酵菌或玉米面来加快发酵速度。腐叶在土壤中经过发酵，最后能形成营养丰富的腐叶土，成为适合种植的肥沃的土壤。

需要注意的是，不可将腐叶直接堆放在植物的根部，腐叶在发酵的过程中会产生热量，有可能会损害植物根部，发酵的过程中还可能会产生病菌，让植物遭受病虫害，因此需要利用单独的容器或空地制作腐叶土，制作完成的腐叶土也要经过充分杀菌消毒后再使用。

园艺常见病害处理

在进行园艺活动时，植物因为不适应环境或受到细菌侵扰可能会产生各种病害。此时认真观察植物，分析植物产生病害的原因，才能对症下药，妥善处理，让植物重新焕发出勃勃生机。下面介绍一些常见的植物病害以及处理方式，帮你从容应对各类病害。

顶部叶片发黄

自来水硬度较高，如果长期使用自来水浇灌植物，可能会使植物顶部叶片发黄。针对这种情况，可以将自来水过滤或使用雨水进行浇灌。

另外，缺铁也会导致新叶发黄，建议增施含硫酸亚铁的肥料。

叶子发蔫

叶子发蔫可能是缺水导致，为植物浇水就可以缓解。如果植物已经有充足的水，叶子还是发蔫，则可能是通风不畅或者土壤排水性差，这就要改善植物生长环境，保持良好的通风，为花盆增加排水孔，并对土壤进行改良。

植株徒长，不开花、不结果

如果植物的光照不足，可能会导致植物只长叶子不开花。针对这种情况，需要根据植物特性，满足植物需要的光照时长，将植物放置在阳光充足的地方。如果为植物施的氮肥过多，也会导致植物徒长，因此在植物花期到来前，要少施氮肥，适当补充磷肥。

植物落花落果

如果植物的花苞或果实不继续生长，反而纷纷掉落，可能是植物开花或结果所需的营养不够，此时需要适时为植物补充养分。如果花苞或果实过密，还要进行疏花疏果。

叶片上出现黑斑、褐斑等

如果植物的叶片上出现黑斑、褐斑等，可能是植物感染了病毒。这种病毒的病原体潜伏在土壤中，在高温高湿、雨水较多的夏季，病毒极易随水溅到植物叶片上，导致叶片出现斑点，并逐步扩大。

想要预防黑斑、褐斑病，可以在配置土壤时，对土壤充分灭菌消毒，如将土壤在太阳底下暴晒，或加入适量代森铵灭菌农药。

嫩梢或叶片上出现成片白色

植物的嫩梢或头部叶片上出现白色粉状物，有可能是感染了白粉病。这种病菌附着在芽蕾或嫩梢上，导致芽蕾或嫩梢逐渐卷曲枯萎，花苞也会变得畸形无法正常开放。

白粉病是真菌导致的病害，病毒孢子在通风不畅、湿度大的环境下会大量繁殖，它随风传播，往往能迅速感染大片植物。玫瑰、倒挂金钟、大丽花等都容易患上白粉病。

针对白粉病，可以在易发期（入春或入秋）每隔 10 天左右喷一次药，如托布津、多菌灵或粉锈宁等。

感染了白粉病的玫瑰

园艺常见虫害处理

不同的害虫会对植物的不同部位造成损伤，如果不及时处理，可能会对整株植物带来伤害。害虫主要分为咀嚼式害虫和吸收式害虫两种。

咀嚼式害虫

咀嚼式害虫分为食叶性害虫（如青虫）和钻蛀性害虫（如天牛、实蝇等）两种。食叶性害虫咬食植物的叶、花和果实，钻蛀性害虫钻蛀植物的茎、花和果实，它们都能给植物带来毁灭性的灾害。

针对咀嚼式害虫，可以采用物理灭虫法，即找到虫子，然后杀死，也可采用化学杀虫药灭虫，敌杀死、敌百虫等农药都可用于消灭这类虫子。

吸收式害虫

　　吸收式害虫用口器刺入植物体内，吸取植物的汁液，蚜虫、蚧壳虫、红蜘蛛等都是吸收式害虫。这类害虫繁殖能力强，常常聚集在嫩叶或花蕾上，导致植物茎叶上出现斑点、花蕾萎缩等。

　　针对蚜虫或红蜘蛛，可以直接将虫捏死，或者使用水龙头强力冲洗将虫冲走，或使用肥皂水、稀释的洗洁精（一汤匙的洗洁精使用一升水稀释）喷洒植物叶面。而针对蚧壳虫，可以使用湿布蘸水擦拭或使用稀释后的酒精擦拭。

　　如果物理杀虫法无法将吸收式害虫杀死，也可使用速扑杀、氧化乐果、双甲脒等化学杀虫药防治。

夹竹桃上的蚧壳虫

园艺百科

虫害的预防

　　植物出现虫害后，会对植物的生长造成影响，因此在发生虫害前要提前采取一些措施，以下一些方法或许能帮助你成功预防虫害。

　　（1）在培育植物前对土壤进行消毒杀菌，并增强土壤的排水性。

　　（2）让植物保持通风、透气，对过密的枝叶进行修剪。

　　（3）引入瓢虫、草蛉等捕食性生物，它们以蚜虫、介壳虫等为食，可以有效防止虫害。

　　（4）使用杀虫剂、杀菌剂等浇灌土壤或喷洒植物叶面来防治虫害。

其他园艺养护技巧与妙招

在进行园艺养护的过程中包含很多技巧与妙招，掌握这些技巧和妙招能够让你进行家庭园艺活动时更加得心应手。

适时擦拭植物叶片，让植物生长更旺盛

植物的叶面如果长时间不擦拭，就会蒙上一层灰尘。灰尘掩盖了植物本身鲜亮的颜色，堵住了叶片的气孔，不仅影响植物的美观，还会影响植物的呼吸。因此，适时擦拭植物叶片，能够让植物生长更旺盛。

擦拭工具 擦拭介质

湿布 水

毛笔 牛奶

海绵 啤酒

擦拭植物使用的工具和擦拭介质

 巧妙调节花期，让花朵应时而开

　　花卉都有固定的花期，但是人工调节可以改变花卉开放的时间，让花卉应时而开，例如，蝴蝶兰的花期是在 4—6 月，但是通过调节后，能够在春节开放。

如何调整花卉的开放时间呢？花卉的开放与外部环境息息相关，因此通过模拟植物的开花条件，就可以改变花卉的花期，让花卉应时而开。具体操作时，可以根据花卉本身的特性，调整外部环境的温度、光照、水肥，并对植物进行合理的修剪，必要时还可以通过赤霉素、乙烯利等药物进行调控。

参考文献

[1] 阿尔.零基础养多肉 [M].南京：江苏凤凰科学技术出版社，2017.

[2] 百花仙子园.亲爱的，多肉植物 [M].北京：中国轻工业出版社，2015.

[3] 北京市园林学校.植物学 [M].北京：北京科学技术出版社，1990.

[4] 毕晓颖.观赏花木整形修剪百问百答 [M].北京：中国农业出版社，2010.

[5] 陈纪周.家庭常见盆景造型与养护 [M].济南：山东科学技术出版社，2002.

[6] 陈民生.植物生长与环境 [M].济南：山东科学技术出版社，2007.

[7] 陈叶，马银山.植物学实验指导 [M].天津：天津大学出版社，2016.

[8] 兑宝峰.月季盆景制作与养护 [M].北京：中国林业出版社，2021.

[9] 方大凤，张昌贵.盆景制作与鉴赏 [M].重庆：重庆大学出版

社，2014.

[10] 凤莲，向敏. 家庭养花实用大全集（超值金版）[M]. 北京：新世界出版社，2011.

[11] 刘云峰，刘青林. 郁金香 [M]. 北京：中国农业出版社，2011.

[12] 龚维红，田雪慧，丁小晏. 园林植物栽培与养护 [M]. 北京：中国建材工业出版社，2012.

[13] 韩玉林，窦逗，原海燕. 盆景艺术基础 [M]. 北京：化学工业出版社，2015.

[14] 胡宝忠，张友民. 植物学（第 2 版）[M]. 北京：中国农业出版社，2011.

[15] 李泽民. 绿色物语 [M]. 武汉：湖北人民出版社，2004.

[16] 李振煜. 景观设计基础 [M]. 北京：北京大学出版社，2014.

[17] 卢思聪，石雷. 室内花卉养护要领（第 2 版）[M]. 北京：中国农业出版社，2011.

[18] 骆回. 与植物有个约会 [M]. 广州：华南理工大学出版社，2013.

[19] 马立玄. 一花一草一朝夕：水培植物 [M]. 南京：江苏科学技术出版社，2014.

[20] 生活智慧编委会. 家庭健康花草 50 种 [M]. 呼和浩特：内蒙古人民出版社，2010.

[21]（英）苏菲·李. 植物生活家：室内绿植搭配指南 [M]. 北京：中信出版社，2020.

[22] 她品，周玉华，肖圣标. 插花设计基础 [M]. 长春：吉林科学

技术出版社，2009.

[23] 王立新 . 插花与盆景 [M]. 北京：高等教育出版社，2009.

[24] 王乃考 . 短视频新动向：Vlog 创作与运营指南 [M]. 北京：化学工业出版社，2021.

[25] 王梓天 . 小阳台大园艺 [M]. 北京：电子工业出版社，2013.

[26] 杨波，惠小玲，任梦 . 好奇宝宝科普馆：神奇的植物 [M]. 长春：吉林美术出版社，2016.

[27] 杨凤军，林志伟，景艳莉 . 园林树木栽培养护学 [M]. 哈尔滨：哈尔滨地图出版社，2009.

[28] 园艺生活编委会 . 阳台四季果蔬宝典：我家阳台上的绿色生态园 [M]. 长春：吉林科学技术出版社，2013.

[29] 张馨月 . 插花与花艺装饰 [M]. 重庆：重庆大学出版社，2015.

[30] 张秀英 . 园林树木栽培养护学（第 2 版）[M]. 北京：高等教育出版社，2012.

[31] 赵和文 . 家庭盆景 [M]. 北京：化学工业出版社，2017.

[32] 郑志强 . 摄影构图零基础入门教程 [M]. 北京：人民邮电出版社有限公司，2022.

[33] 戴宇光 . 盆栽长春花 [J]. 西南园艺，2003（3）：40.

[34] 刘冰，杨永 . 威胁因素之攀援植物 [J]. 生命世界，2012（6）：36-37.

[35] 孟香云，孟凡荣，孟凡丽 . 秋季花卉栽培及养护 [J]. 现代农业，2013（8）：6.

[36] 沈海兵 . 雪松在园林绿化中应用的探讨 [J]. 现代园艺，2012

（18）：78.

[37] 王珂.浅谈多肉植物的日常养护 [J]. 花木盆景（花卉园艺），
2020（6）：32–35.

[38] 王薇.菜豆树主要病虫害防治技术 [J]. 中国园艺文摘，2014
（2）：150–151.

[39] 武朝菊，陈玉霞.新几内亚凤仙的栽培 [J]. 山东林业科技，
2016（1）：85–86.

[40] 于娇.艺术源于生活花艺亦然 [J]. 花卉，2020（18）：291–
292.

[41] 臧德奎，周树军.攀援植物与垂直绿化 [J]. 中国园林，2000
（5）：79.

[42] 张旭.开花机器虎刺梅（上）[J]. 花木盆景（花卉园艺），2021
（10）：28–31.

[43] 张旭.开花机器虎刺梅（中）[J]. 花木盆景（花卉园艺），2021
（11）：28.

[44] 周炳静，高海涛，翟艳霞.桂花反季节移栽技术 [J]. 现代农
业科技，2012（15）：133–135.

[45] 周玉琴.家庭盆栽草莓种植技术探析 [J]. 现代园艺，2015
（4）：40.